张帆 / 主编　常乐 / 副主编

# 蒲英

北 / 京 / 林 / 业 / 大 / 学
## 家具设计与工程系
### 作品集2016

Collection of Design Works
Department of Furniture Design & Engineering
Beijing Forestry University

2016

中国林业出版社

# 序
## Preface

今天我们正处于一个中华民族伟大复兴的大时代。凤凰台的石齐平先生曾在他的节目中多次声称，在过去 3000 年的历史长河中有 2800 年中国民族一直是世界老大，GDP 全球第一，只是近 200 年落后了。但 2010 年中国又跃升为世界第二大经济体，综合国力回升到全球第一指日可待。在此大背景下，中国的家具产业也获得了同步发展，取得了辉煌的业绩，我们已发展成为世界第一家具生产大国、世界第一家具销售大国、世界第一家具出国大国。我们的家具市场已由"皇帝的女儿不愁嫁"演化成了"抢新郎"，即由"卖方市场"完全进入"买方市场"。作为卖方已由 20 世纪 60、70 年代的凭票限购进入到 80 年代的畅销，90 年代的推销，世纪之初的营销，今天已进入到了体验营销和品牌营销新时期。作为买方，已由 60、70 年代的短缺需求，进入到 80 年代的基本生活需求，90 年代土豪金的炫耀需求，今天已进入到了情感需求和文化品位需求。我们的生产方式已由 50、60 年代的手工业时代进入到了 70、80 年代的通用木工机械时代，90 年代的板式家具生产线的专用家具机械时代，今天则进入到了工业化和信息化相结合的时代。虽然距德国工业 4.0 的要求仍有较大差距，但也看到了曙光。我们的设计则由早期的传统设计，世纪之交的现代设计、跟风设计，进入到了今天的创新设计的新时期。互联网时代的创新设计与传统的产品创新有着本质的区别，传统创新对象是产品，而互联网时代的创新是整个产业链，往往要融合或整合多科学、多专业、多领域进行集成创新。家具产业近年来虽步入中高速的发展阶段，但上述变化与发展都表明了家具产业质的提升。

北京林业大学材料学院家具设计与工程系的《蒲英——北京林业大学家具设计与工程系作品集 2016》的编辑出版正是在此产业背景下，为适应社会需求而推出的教学科研成果之集大成。虽然只是家具设计作品，却透过作品充分体现了先进的学科理念和价值观，也体现了师生设计理念创新、功能创新、结构创新、材料创新和设计方法创新，也充分说明设计实践和参展有效地培养了学生的创新精神、创业精神和工匠精神。

北京林业大学是教育部直属重点林业院校，家具设计与制造专业是北京林业大学的传统优势学科和重点建设专业。该专业的母体是 50 年代的"木材机械加工"专业，为了与国际接轨，80 年代改为"木材科学与技术"专业。"家具设计与制造"专业方向是以该专业的《细木工工艺学》和后来的《木制品生产工艺》这一主干专业课为纲，根据家具产业发展需要而拓展为专业。国家二级学科"木材科学与工程"为"家具设计与制造"专业的建设与发展奠定了坚实的基础。早期从事《细木工工艺学》或《木制品生产工艺》教学的北京林业大学的张帝树和吴悦奇老师，东北林业大学的余松宝和任文英老师，南京林业大学的刘忠传和张彬渊老师，中南林的蒋远舟、邓背阶老师和我等，自然就成了中国"家具设计与制造"专业的奠基者和创始人。我非常怀念 20 世纪 70 年代末 80 年代初我跟随他们开展社会调查和修订《木制品生产工艺》，合作共事的美好时光，他们是高等教育战线的第一批家具人。看今天后来者浩浩荡荡，具有国际视野的博士们成群结队地进入我们的专业教师队伍，教学设施鸟枪换大炮，教学成果史无前例。我们乐见北京林业大学材料学院家具设计与工程系专业建设所取得的丰硕成果，并预祝《蒲英——北京林业大学家具设计与工程系作品集 2016》一书在教学科研和社会服务中发挥积极的理论参考和引导作用。

2016.12

# 前言
## Foreword

　　"家具设计与制造"是北京林业大学具有较长历史和鲜明特色的专业方向，最早依托的"木材加工"专业自建校以来伴随着学校一起成长，已经跨过了一个甲子。1993年开办"家具设计与制造"大专班，1995年招收"室内与家具设计"本科专业，期间经历专业调整，自2003年起设置"家具设计与制造"本科专业方向直至今日。2014年北京林业大学材料科学与技术学院在原有木材科学与工程（家具设计与制造方向）以及包装工程专业的基础上，正式成立了家具设计与工程系。专业建设虽几经更迭，但为我国家具及相关行业培养优秀人才的初心始终未变，如今也已桃李芬芳。

　　家具设计与制造是理论与实践、技术与艺术相结合，且实践性很强的专业方向，我们始终坚持以"培养具备良好的科学素质、创新设计能力、艺术素养、技术管理知识兼备的高素质应用型人才"为目标，在高质量完成基础教学任务的基础上，不断加强实习实践教学，开发特色教学模式；积极举办和参与诸多专业相关的活动，包括国内外各种大型展览、设计比赛，重视设计作品的产出与转化，努力培养创新型人才。

　　家具设计与工程系鼓励支持教师主持并参与各类各级科研项目，研究技术创新，推动行业发展。2016年，依托项目研究成果自主设计研发的改性速生材家具产品受邀参加米兰国际家具展、广州国际家具展、上海国际家具展，受到行业高度关注与好评，实现了我国林业院校家具设计与制造专业方向在国际行业舞台上的历史突破。

　　加强与企业合作，推动产学研发展是家具设计与制造专业发展的必行之路。目前，家具设计与工程系拥有3个面向企业和社会开展技术及设计服务的工作室，通过近年来与诸多企业开展合作，提供技术服务、产品研发，获得企业和社会好评。

　　家具设计与工程系在学校、学院的领导下，在全系师生的共同努力下，一步一个脚印，在人才培养、科学研究、社会服务领域都取得了可喜进步和诸多成果，虽谈不上硕果累累，但已初闻花香。我们选取了近几年来课程、毕业设计、设计竞赛、展览、设计工作室等优秀的师生作品成果，集结成书。

本书呈现的设计作品由家具设计与工程系全体老师提供，全书由张帆副教授统筹和组织，并进行了相关文字的撰写，常乐、柯清两位老师负责作品的收集和内容的分类整理，研究生范雪、郝运、孙嘉延进行了资料编排和版式设计，学生曹彦茹、周洁、于秀玲进行了资料收集整理工作。全书由张帆完成统稿工作。感谢所有老师和同学为本书成稿做出的工作！

感谢胡景初教授为本书作序，作为中国"家具设计与制造"专业方向的奠基人之一，先生为中国家具教育事业做出了巨大贡献，他的肯定与期望当是后辈家具教育人前行的动力！感谢张亚池教授，作为北京林业大学"家具设计与制造"专业方向的带头人，如今的点滴成果都离不开他的引领与多年的辛勤付出。感谢中国林业出版社杜娟编辑，正是她的提议和鼓励促成了本书，并在编写过程中提供了诸多宝贵建议，她的经验与高效保证了本书编写的顺利进行。

我们用这样的形式将近年来的成长与收获呈现出来，既是对自我发展的总结，也是对一直关心支持我们的您的汇报；既是回顾过往，更是展望未来。我们仍将一如既往，不忘初心，期待每一个花开绽放、硕果累累的丰年！

北京林业大学材料科学与技术学院
家具设计与工程系
张帆
2016.12

# 家具设计与工程系简介

## Department of Furniture Design and Engineering

北京林业大学家具设计与工程系（以下简称"家具系"）由 2 个教研室组成：家具设计教研室、家具工艺与包装教研室。主要承担家具设计与制造、包装工程 2 个专业方向的本科教学、科学研究、社会服务的工作。全系现有教师 20 人，其中教授 4 人，副教授 5 人，具有博士学位的教师占 80%。多位教师曾赴美国、加拿大、芬兰、丹麦等国家做访问学者交流学习。

家具设计与制造方向重点研究家具产品设计理论与实践、家具与木制品产业工程、人体工程学、居住行为文化和室内空间设计等，培养适应家具等相关行业需要，掌握家具设计基本理论与设计方法，掌握家具制造工艺理论与加工方法，具备良好的科学素质、艺术素养、技术管理知识和创新设计能力的高素质复合型人才。

包装工程专业以新型绿色包装材料的研发和包装系统设计为专业定位，培养适应行业和科研需要，掌握包装工程基本理论和专业技能，具备绿色包装材料开发与应用、包装系统设计能力，具备良好科学素质和创新设计能力的高素质复合型人才。

家具设计与制造、包装工程是国家级重点学科"木材科学与技术"下的 2 个专业方向，在木材科学与工程北京市重点实验室、教育部木质材料科学与应用重点实验室、木材科学与技术北京市实验教学示范中心等平台的基础上，家具系近年来的教学科研平台建设发展迅速，家具制作实验室、木制品加工工艺实验室、古典家具展室等逐步建立完善。

家具系近年来不断加强产学研建设，拓展与企业合作，通过各种形式为社会提供专业设计、培训、咨询等技术服务，不断提升家具行业科技创新能力，提高学校科研成果转化率及教师与学生的实践能力。

家具系的发展突出理论与应用实践的结合，紧跟家具行业发展，以家具材料、结构、工艺、创新设计和家具文化等方向为学科研究重点，并积极拓展在整体家居、智能家居等前沿领域的研究与实践。

▲ 家具系教师团队

刘毅　　　赵小矛

朱婕

蔡静蕊

张亚池

张求慧　　　宋莎莎

苟进胜

伊松林

柯清

行焱

黄艳辉

李晓刚

耿晓杰

何正斌

方健

于秋菊

张帆

常乐

郭洪武

▲ 古典家具展厅

▲ 家具制造实验室

▲ 上海国际家具展实践教学活动

▲ 与斯洛伐克兹沃伦技术大学家具系交流

▲ 家具制造实验室培训

▲ 上海博物馆实践教学活动

# 目录
## Contents

## PART 3　参加展会作品 /Exhibition　Works

## PART 4　设计活动作品 /Design　Activities

## PART 5　工作室作品 /Design　Studios

# PART 1

　　北京林业大学家具系在专业教学中始终强调理论与实践相结合，重视培养学生的创新设计能力。专业课程的学习过程中，教师结合理论讲授，布置阶段性的课程设计任务，注重学习过程中的不断提高。毕业设计包含课题研究、论文撰写、方案图纸绘制与样品制作等多个环节，强化综合设计能力的培养。在专业学习过程中，还鼓励学生积极申请参与各类大学生创新创业项目，紧跟行业前沿，锻炼实践创新能力。

　　本章汇集了近几年来本科及研究生课程、毕业设计、创新创业训练项目中优秀的学生作品，作品涉及家具、室内、包装设计等不同方向，有设计效果方案，也有样品实物，体现了学生在不同风格、材料运用、功能分析、结构设计等方面的创意。

▲ 家具设计与工程系成果展

# 浮 · 格 新中式家具设计

[浮]一指块体部件似漂浮在空中,二是取自[浮生一闲]的闲适、自在,三是轻盈而上升的感觉。[格]一指虚实块体,二是取自[格调],追求细腻的脱俗感,三是取自偏旁的[木]意,暗指实木材质。[浮格]二字一起,体现家具轻盈而稳重的气质。

实物样品

## 2016 届优秀毕业设计

设计:刘晴　指导老师:张亚池

▼ 实物样品

# 图书馆公共空间家具设计

图书馆不仅反映着一个城市的文化氛围与人文情怀，更为大家提供了一个可以汲取知识、享受文学熏陶的美妙场所，因此意在为图书馆空间做出一套能同时满足情感化与人性化的家具设计方案。

## 2016 届优秀毕业设计

设计：杨欣圆　指导老师：常乐

▲ 它"有机"的部分在于灯管的上方是一个可以放置植物的区域，在公共空间里，植物作为整个环境中能调节氛围的一大元素，能活跃气氛，增添一抹生机。

▲ 检索台的外围的金属框架上有一个半圆的部分，为来检索文献的读者提供一个挂放物品的地方，简单而有效。

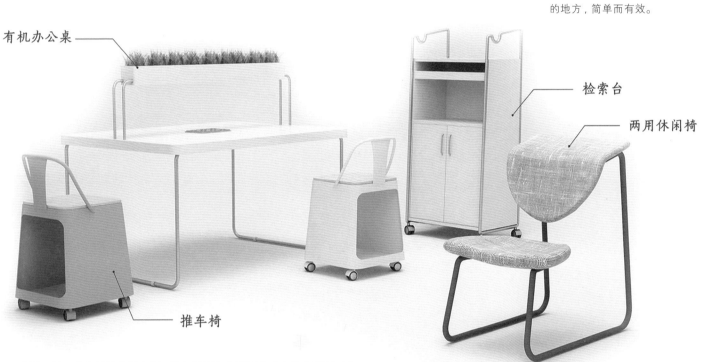

有机办公桌

检索台

两用休闲椅

推车椅

◥ 座面下是一个临时的收纳空间，将自己手上拿不下的书本放在里面，可以当做一个临时"推车"，在书架到阅览区域的这段路程有了它可以不用来回走，甚至能随时找一个安静的角落就地坐着看书。

◥ 一把可以正反坐的椅子。反过来坐时，椅背的台面提供了一个放书的平台，看累了还能趴一小会儿。

▲ 实物样品

# 轻古典 新中式家具设计

轻古典家具源自中国古典家具，设计为古典家具做减法，让家具从古典的桎梏中解脱出来，打破原有的朴素、自然、温润、柔和的固有形象，展示东方美学中高贵、空灵的特性。

## 2016 届优秀毕业设计

设计：毕启彤　　指导老师：张帆

▲ 实物样品

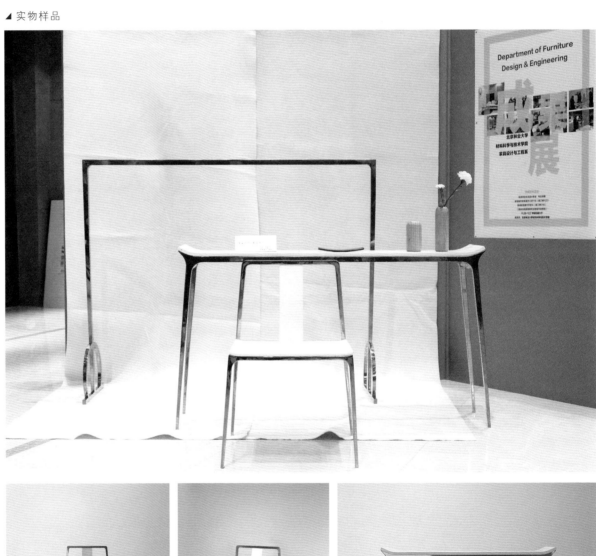

# 参数化设计方法下的新材料家具设计

参数化思维是一个将感性思维理性化的过程，是家具设计的一个新领域和新趋势。该作品从波动韵律出发，提取曲线，将相关变量引入，在逻辑构架上对之进行影响力评级，并在建模逻辑图中体现出来，从而获得了 HCO1 高脚椅的形态。丝瓜络材料的选用也是顺应这种逻辑自然而然的选择。

## 2016 届优秀毕业设计

设计：郭一凡　指导老师：常乐

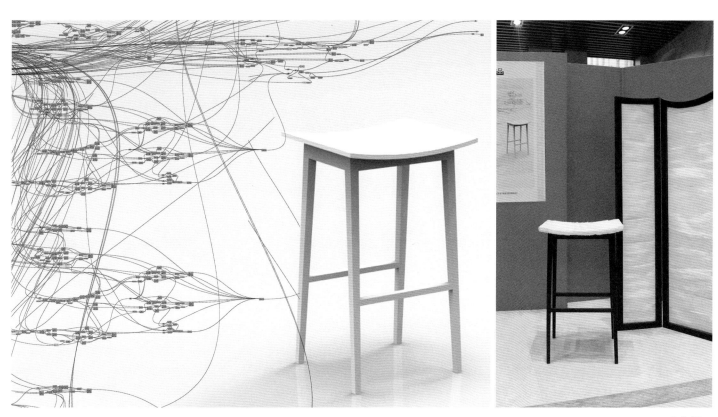

▼ 实物样品

对设计师而言，传统的设计方法是根据各种原则来获得"赋形"。然而这种赋形是基于灵感的，经验的，乱序的，感性的。而参数化设计方法可以在设计的源头根据设计前提，获得影响因子，按照逻辑建立设计框架，从而自我生长出符合要求的设计产出。

对于产品的输出工作来说，参数化设计方法的应用将设计师从原本繁杂的建模推敲过程中解放出来。每当影响因子发生变化，在参数化设计平台上所展现的设计结果也会随之发生相应的变化。这极大地解放了繁杂的建模调整过程中消耗的人力物力，是设计师能够将宝贵的精力放在设计本身上，通过验证逻辑来验证设计产出的合理性与有效性。

参数化设计的意义在延伸思维以及优化工作过程之外，更重要的是为量化与评价设计提供了一种理性的可能。

# 一莲托生 新中式家具设计

一莲托生，同享浮沉，取其"共生"之意，指人与人、人与宠物和谐共处。造型发于莲而不止于莲，从莲座中取得灵感，取莲瓣半开向外微弯的姿态作为造型元素，得其纤柔轻巧、动静相宜的魅力。

## 2016 届优秀毕业设计

设计：邹亚洁　指导老师：张帆

▲ 实物样品

子母莲座　　依单座　　共几　　合窝

# ++木の间 茶空间及茶家具设计

茶字，就是人在草木间，单纯，从容，宁静，舒朗，天人合一。
木质和金属材料的结合，虚实空间的呼应，侧脚分合的动势与比例，突显了平静淡然的设计韵味。

## 2016 届优秀毕业设计

设计：唐晨　　指导老师：张帆

▲ 实物样品

# 交互式模块化儿童家具设计

以三角形为主要造型元素设计的模块化家具，可任意组合的储物箱、凳子和桌子。为儿童而设计，旨在促进儿童与家具的互动交流，促进儿童身心健康成长。

### 2016 届优秀毕业设计

设计：冀瑶慧　指导老师：耿晓杰

▲ 实物样品

# "Santorini" 系列青年小户型家具设计

将 Santorini（圣托里尼）独特的蓝白情调融入其中，赋予了家具淡淡的海洋气息，令人为之着迷。

**2016 届优秀毕业设计**

设计：方嘉成　　指导老师：于秋菊

Design by KaChing·

沙发伴侣　　　　　　　　沙发床　　　　　　　　　屏风灯

垫子凳　　　　　　　　　小茶几　　　　　　　　　边柜

# 之 · 老 适老性卧室家具设计

根据人体工学确定了老年人使用的最宜尺寸；选材环保健康，冬季搭配棉麻软装温暖舒适；对中国传统竹藤手工艺与现代工艺的结合进行了探索；流线型的扶手辅助平衡；座面与椅腿的固定结构呼应柜架，具有结构的形式美。

## 2015 届优秀毕业设计

设计：赵蕾蕊　　指导老师：朱婕

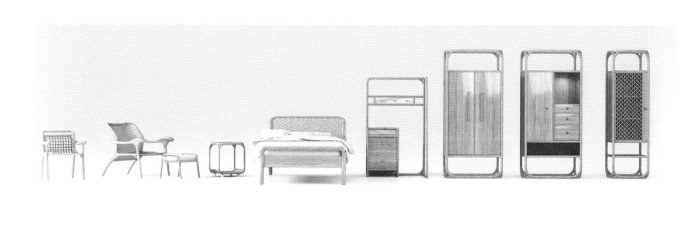

织

采用竹编相结合，
健康舒适，具有美感。

枝

结构上模拟树的枝桠，
平渐沉闷之感。

知

知冷知暖，知高知低，
从细节上关心满足老年人。

支

流线型的扶手帮助起落，
必要的把手提供贴心的支持。

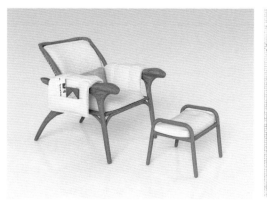

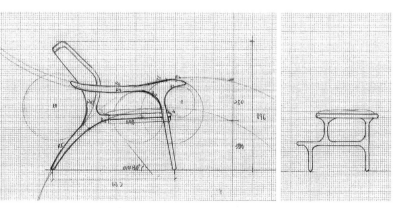

# 符合现代审美的欧式新古典家具设计

这是一场贝多芬与麦当娜的邂逅……

符合现代审美的欧式新古典家具设计，应更好地平衡视觉美感、功能与成本，给欧式古典家具增加一些现代的味道，给现代家具增添一笔怀旧的色彩。但这样的怀旧并不是单纯的模仿克隆，而是在经典的基础上进行创新与延伸，怀着对古典文化的崇敬，做贴近时代潮流的古典家具设计。

## 2014 届优秀毕业设计

设计：范雪　　指导老师：张帆

▲ 采用法国路易十六式最为典型的纪念章式靠背形态　　▲ 写字台与现代办公中放置笔记本、打印机等功能需求相结合

# 改性速生杨木青年家具设计

设计作品本着结合改性速生杨木材料的特点开展设计的原则，造型现代简约，具有轻盈自然的风格，成本较低，是青年消费者的最佳选择。同时也希望通过朴实而不失美观的设计，为年长的设计者提供舒适温暖的生活气息。

## 2014 届优秀毕业设计

设计：李华慧　　指导老师：张亚池

这套卧室家具设计以"回"字圆角方形为基本造型元素，符合中国人喜欢将方圆相结合的审美，也满足了家具造型的现代简约的风格。

另外，在家具中还加入了八字腿的造型，给人带来稳定之感，并在"多用途"矮柜中做了适当的调整，增加了家具的使用方式和自由组合方式。

这套卧室家具在结构上主要采用的是榫卯连接方式，同时结合使用螺钉与滑轨两种金属连接件，方便安装使用，降低成本。

# 适应中国南方烹饪习惯的厨房家具设计

目前在中国南方地区，整体厨房家具生搬硬套的现象尤为明显。使用整体厨房的家庭普遍反映厨房家具的设计模仿严重，以人为本的设计理念差，没有关注到中国南方地区的地域性和文化的特异性。针对中国南方地区的饮食习惯，此次厨房家具的设计，将沿用国外引进的整体厨房概念，进行适合中国南方女性使用的厨房设计，旨在解决尺度、储纳、动线等方面的问题。

## 2013 届优秀毕业设计

设计：杨舒英　　指导老师：张帆

- L 型整体厨房
- 不同区域台面高低不同
- 外露的功能五金件
- 墙面空间的利用
- 台面空间的利用
- 干食储纳区
- 特殊区域——煲汤区

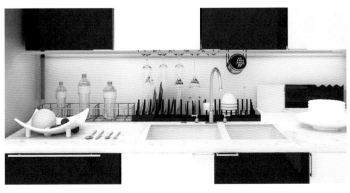

# 符合中国人烹饪行为的整体橱柜设计

从设计的角度看，如何使整体橱柜更加满足国人特有的烹饪行为是设计的方向。这需要针对我国饮食文化和烹饪方式进行分析研究，使我国整体橱柜拥有合理的功能和造型。

中式烹饪方式和行为要求厨房拥有足够的存储空间，因此更多考虑能合理利用空间的"L型""U型"整体橱柜；油烟问题则要求橱柜门板的造型不宜复杂，否则难以清洁；其次外观上可以通过颜色、虚实的对比来强调厨房的层次感。

### 2013 届优秀毕业设计

设计：杨诺　　指导老师：张亚池

▲常温存放蔬菜的柜体：
主要由上部的抽屉和中部开敞的可拉出的拉篮构成，拉篮内嵌入橱柜中，使用时方便拉出，节省了冰箱的空间，也不会造成被遗忘而导致变质的情况。拉篮下可用于临时存储箱子油瓶等杂物。

▲三抽屉地柜：
上层用于存放餐具；下层用来存放锅等比较大型的容器。

# 可拆装椅子设计

灵感来源于多样化的现代木结构建筑，融合传统思想与现代技术。在椅的设计中经过大量的力学与人因学分析并加入新式简化的榫卯结构，每一个结构点的细节曲线即是分析的结果也蕴涵宋体字脚的修饰效果。结构的暴露与尺寸比例的调和让座椅有了轻盈的视觉效果，可拆装的穿插结构使其适用于平板包装与运输。

## 2013 级优秀课程作业

设计：曾丹洲　指导老师：张亚池

# 色彩星球 宠物之家系列家具

色彩星球系列家具是一套专为有宠物的家庭打造的北欧风格系列家具，关注宠物与人在日常起居生活中的互动，分析摸索两者交汇点。
本套家具造型来源于太空的元素，配色具有北欧风情，清新自然。

### 2013 级优秀课程作业

设计：郝运　指导老师：张亚池

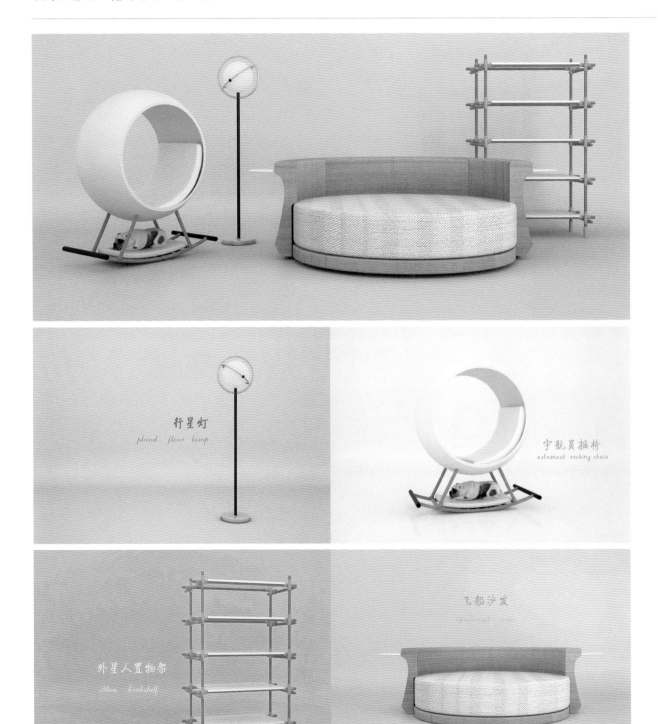

# Chair-K

K椅造型简洁，由线、块构成，有椅子的端坐感又兼具沙发的柔软感。使用场所广泛。符合人体工程学，倾斜的靠背贴合人体脊背。座面软包可取出，方便更换清洗。

**2013 级优秀课程作业**

设计：许可　指导老师：常乐

自由を選んで
孤独に耐え

*Freedom is the choice you have to endure loneliness*

風立ちぬ、
いざ生きめや

# 多功能床设计

将床与桌子相结合，桌子可在床上前后移动，亚克力作为桌子的材料，轻盈，通透，实现了基本功能，也兼备了实用功能。

## 2013 级优秀课程作业

设计：许可　指导老师：常乐

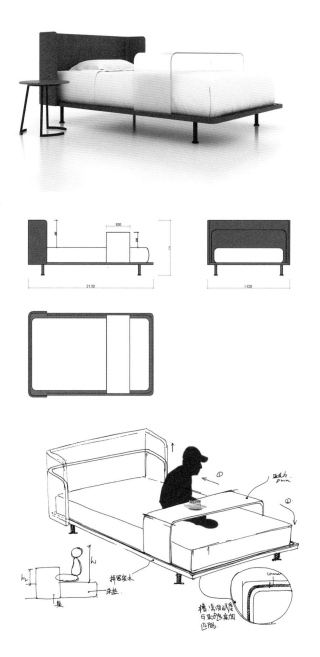

美洲红橡木

铁

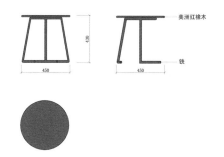

床是柔软的事物，躺在床上比坐在椅子上或者站着都要舒适，这一点也使得我们常会期待在床上做些什么，玩电脑、看书、散着零食、吃饭等，这些行为其实并不难实现，它们依赖的介质是一个桌面。

这款床的桌子可在床上前后移动，不用时可刚好卡入床尾的床板槽中，不占用空间。选用亚克力作为桌子的材料，意在使视觉上看去轻盈，通透。床头采用天鹅绒软包，造型上与桌子相呼应，并有种包围感，同时在高度上也考虑到人坐在床上，恰好将人的背支撑住，更方便作业。

# HUG 椅

区别于普通椅子的造型，椅子的后腿从扶手前部延伸到后部，造型更加别致，线条更生动，同时拥有一定的支撑性。外形上像两只手拥抱的动作，从侧面看又是拥抱的英文"HUG"的首字母，所以起名为"HUG"。

## 2013 级优秀课程作业

设计：孙嘉延    指导老师：于秋菊

三视图

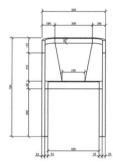

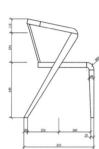

细节图

多种材质

效果图

"HUG"适用于多种场合，可以放在餐厅、书房或者交流区，也可以放在公共环境。简约、时尚、具有强烈的线条感的外形，不仅适合简约、复古的家居环境，也适合现代、温馨的风格。

# "闲情谧语" 客厅家具设计

本套系客厅家具。"闲情谧语"整体造型为腿部向外叉开的梯形轮廓，因为稳定的脚部能让家具看起来更有安全感，造型上也更美观，同时材质方面主要运用深浅两种木质（黑胡桃和柞木）与布艺和表面磨砂的玉材质结合，营造通透、清新且多变的视觉美感。包括写字桌、储物柜、书架、挂架、凳五件家具，可满足主人的阅读、储物、学习等多种活动。家具材料主要为人造板、钢管，成本较低，价格优廉，适宜刚步入工作无太多资金积累但又追求潮流的年轻群体。

## 2013 级优秀课程作业

设计：杨思奇　指导老师：行焱

▲茶几　　　　▲双人沙发　　　　▲边柜　　　　▲屏风　　　　▲落地灯

# 竹藤庭院系列家具设计

该设计从材料出发，针对现今我国木材资源少、需求量大的现状，希望能够利用优质环保、生长迅速、材性优良的自然材料取代传统木质材料，以达到保障功能、美观自然、环境友好的目标。

**2013 级优秀课程作业**

设计：李宇杰　　指导老师：朱婕　张亚池

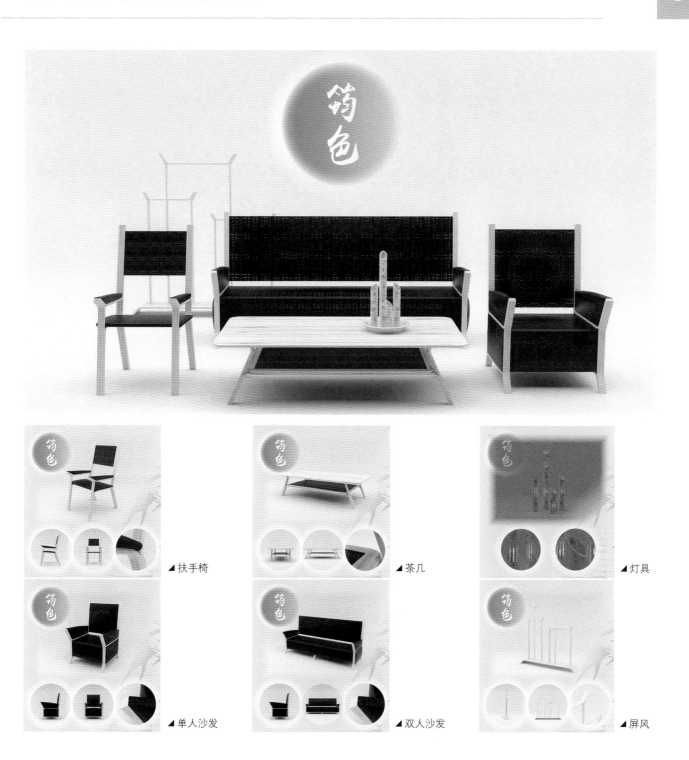

▲ 扶手椅

▲ 茶几

▲ 灯具

▲ 单人沙发

▲ 双人沙发

▲ 屏风

# 观山水

作品将中国传统文化中恬淡自然、清雅朴素的审美观代入设计之中，以简洁的线条比例和适度的装饰元素营造出"坐观山水，看云淡风轻"的美好意境。

## 2013 级优秀课程作业

设计：李森然　指导老师：常乐

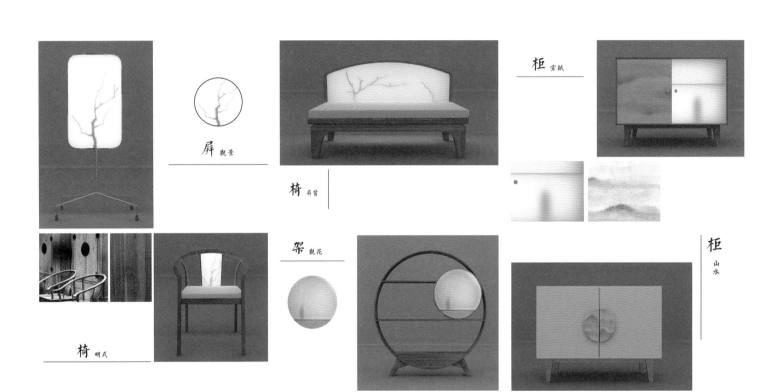

屏 观景

椅 屏背

柜 宣纸

椅 明式

架 观花

柜 山水

逸 吃茶吃飯過　聽風聽雨眠。

觀 水觀山 風輕雲淡。

# 新中式客厅家具设计

本设计通过对传统实木家具的认识，将现代元素和传统元素结合在一起，打造既富有传统韵味又符合现代人需求的家具，让传统艺术在当今社会得到合适的体现。

## 2013 级优秀课程作业

设计：赵妹珍　　指导老师：常乐

家具以深色为主，有深厚沉稳的底蕴，整个室内采用对称式的布局方式，格调高雅，造型简朴优美，色彩浓重而成熟，而在装饰细节上通过装饰画、盆景、瓷器体现崇尚自然情趣，富于变化，透出极和谐的现代感。

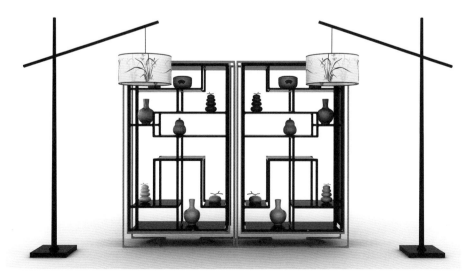

设计上，主要采用硬朗简洁的直线条，空间具有层次感，既使得中式家具古典、质朴的内涵显现，又符合现代人追求的时尚感、实用性。时尚、韵味、中式足以让居室呈现出多种风韵，向人们传递居者对自我个性的诠释，对舒适生活的追求，以及对精神家园的感悟。

# 砚台 沙发

沙发灵感来自于中国山水画,同时结合现代审美,给人一种方正规整之感,多处采用圆弧设计,又给人以活泼可爱的感觉。

## 2013 级优秀课程作业

设计:杜船    指导老师:张亚池

# CARDBOARD 儿童家具设计

灵感来源于大小不同的桥洞与儿童积木，运用几何形状组合切割，体现童趣。材料采用废旧纸板胶合而成，质量轻盈，安全且易于搬动。座面下可储存书籍玩具等物品。

**2012 级优秀课程作业**

设计：冀瑶慧　　指导老师：张求慧

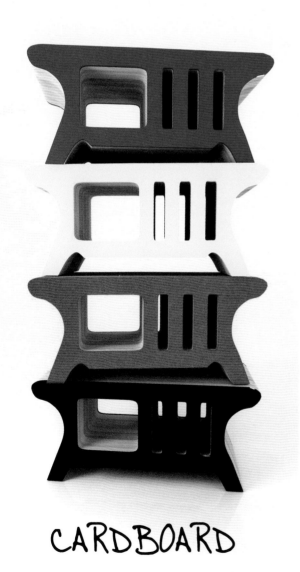

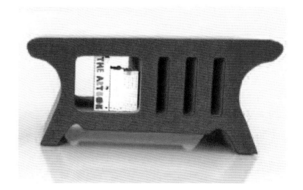

CARDBOARD

# Cube 储物柜

秉承功能至上的原则，针对租住空间小、储纳空间需求较大和搬家频率较高等几点问题进行设计。巧妙利用燕尾榫的结构，三个柜体可以嵌套，亦可叠置。

### 2015 级研究生课程作业

设计：闫波 张豪 　 指导老师：耿晓杰 赵小矛 张求慧 郭洪武 张帆

# Free Module 茶几

采用模块化组合形式，每个单体可变换储物结构，自由组合达到实用的目的。采用黑色木纹搭配绛红色涂饰，打造令人印象深刻的中国韵味。

### 2015 级研究生课程作业

设计：杨颖旎 张家钰 吕静刚　　指导老师：耿晓杰 赵小矛 张求慧 郭洪武 张帆

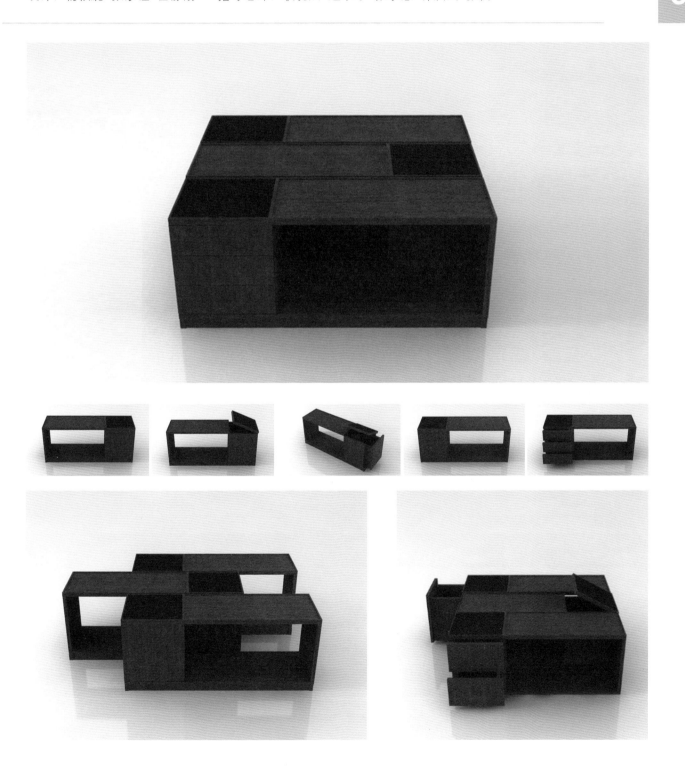

# 提芽几

像雏形的绿芽，提起来——向上生长、充满生机。同时也满足客厅灵活使用的需求。不用弯腰的提起、放下，仰坐在沙发上，亦或是盘踞在蒲团上，随心使用。

## 2015 级研究生课程作业

设计：戴雅文　吴静　杨帆　　指导老师：耿晓杰　赵小矛　张求慧　郭洪武　张帆

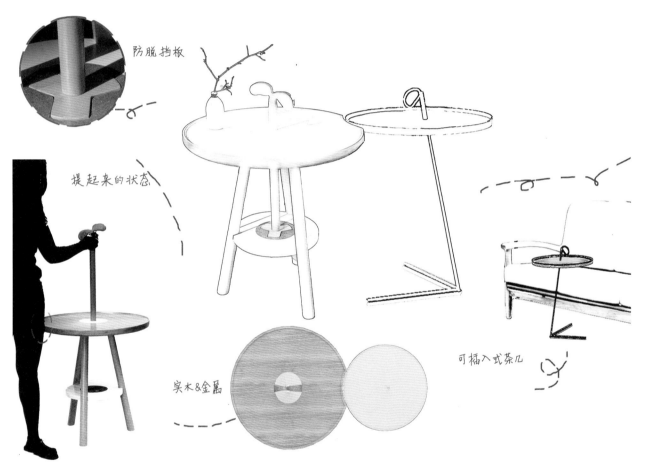

防脱挡板

提起来的状态

实木&金属

可插入式茶几

▲ 实物样品

# 巧克力 瓦楞纸板家具

现代圆形的纸板柜子，采用瓦楞纸板为原材料制作，对纸板家具的结构进行了新的探索。大曲线造型让柜子显得生动活泼，金属把手点缀，使柜子更具特色。

## 2015 级研究生课程作业

设计：苏晓蓓 王城湘　　指导老师：耿晓杰 赵小矛 张求慧 郭洪武 张帆

▲ 实物样品

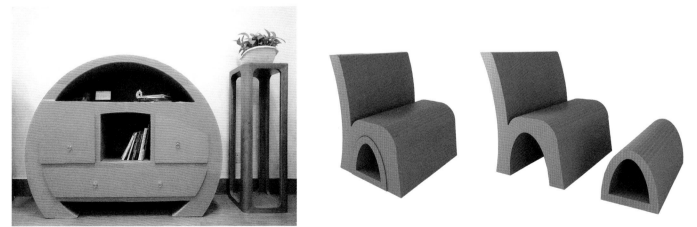

# L 型椅

一把只有 4 个零部件的椅子，方便拆装、减小包装体积及运输成本，适合电商销售平台，以 25~35 岁年轻人为主要消费群体。

## 2015 级研究生课程作业

设计：门宇雯 高浩 李凯烨　　指导老师：耿晓杰 赵小矛 张求慧 郭洪武 张帆

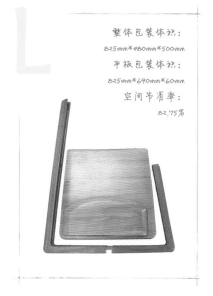

整体包装体积：
825mm*480mm*500mm
平板包装体积：
825mm*690mm*60mm
空间节有率：
82.75%

包装尺寸

# 二声 椅

上扬的"二声"造型如同微笑的嘴角，呈现了积极向上的生活态度。二声系列椅创新点在于靠背扶手的一体化设计，打破传统扶手椅的造型设计，用更简练的结构，呈现椅子之美。

## 2014 级研究生课程作业

设计：晏安然 高欣　指导老师：耿晓杰 赵小矛 张求慧 郭洪武 张帆

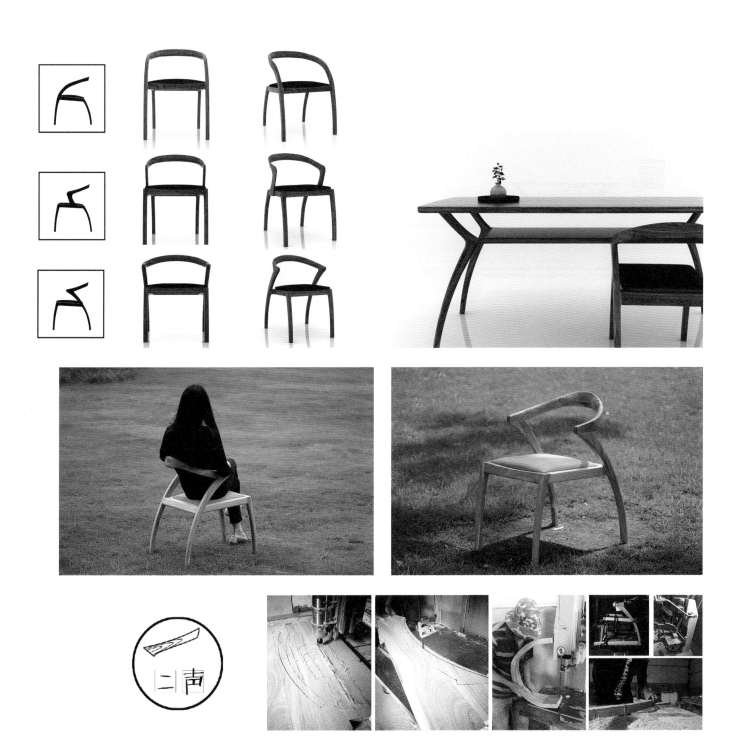

# 洞明椅

从盲人的角度审视一件家具的设计，造型不再是设计的出发点，可不可以创造出一把好椅子呢？大量的调研与实践成了此件设计的前提。我们针对盲人从"寻找到一把椅子→后拉→摸到扶手→前拉椅子、落座→物品放置"的使用全过程进行了体验梳理，让盲人在无形之中享受无法察觉的关怀。

## 2014 级研究生课程作业

设计：鲍慧平 黄贺　　指导老师：耿晓杰 赵小矛 张求慧 郭洪武 张帆

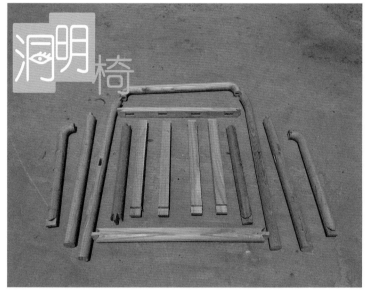

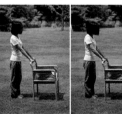
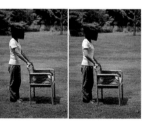

◢ 椅背

惯常情况下，盲人寻找一把椅子会先摸到椅背
椅背上沿设计为宽大易扶的形式，更方便握到它

◢ 扶手

扶手前端暴露出来，结合圆润的造型示意友好的抓握，方便落座时将椅子前拉

◢ 储物袋

在与盲人交流的过程中发现盲人对于放置随身物品的需求迫切，因此我们将储物袋结合到了椅子的设计当中。

# 瓦楞纸环保型家具

纸质有"自然之美",具有较强的亲和能力,纯天然的纸张能营造出柔和、自然、平静的居室空间氛围。瓦楞纸环保型家具具有强度可靠、易于拆装、方便携带、材料环保等特点。

## 2014 级研究生课程作业

设计:李华慧 赵方圆　指导老师:耿晓杰 赵小矛 张求慧 郭洪武 张帆

安装过程

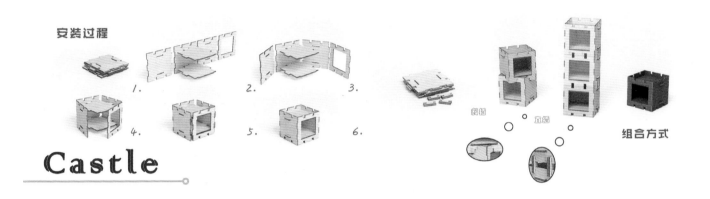

**Castle**

1.　2.　3.

4.　5.　6.

斜插　宜插　组合方式

可移动
坐或卧
伏在小凳上画画
满足多种亲子互动需求

拼合

胶接过程

胶接

卡钉拼接

亲子活动

阅读

绘记

## 亲 子 凳

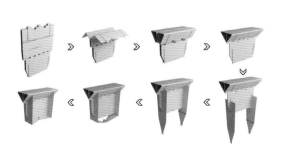

## 立 式 桌

可用于展览展示等场合

# 旧家具回收改造

对旧货市场回收来的过时的或有些破损的旧家具进行创意改造设计，让家具的价值得以升华，寿命得以延续。一个鞋柜、一把仿官帽椅的餐椅、两把折叠椅，都各有缺陷，经过改造，它们重生为了一个折叠坐凳、一件储物矮柜、一把读书椅和一件折叠晾衣架。

### 2014 级研究生课程作业

设计：范雪  张山    指导老师：耿晓杰  赵小矛  张求慧  郭洪武  张帆

改造前
&
改造后

改造
の
过程

# 适于纸浆特性的纸质家居产品设计研究

纸作为一种独特的新型绿色家具材料，以其原材料来源广泛、对环境无污染、可回收再利用等特点，在家具行业中日渐显示出它的魅力。为探究适合于纸浆特性的纸制家居产品设计，本项目通过探索纸浆材料的成型方法及工艺、3D 打印模具的设计及制作完成家具产品实验室模型的制作，在此基础上对模型进行性能检测和归纳出家居产品用纸浆材料的改性方向及造型形式，最后基于反馈结果进行再设计。

**2014 年国家级大学生创新项目**

设计：门宇雯 许若 陈艳萍 杨迪 韩煜 指导老师：张帆

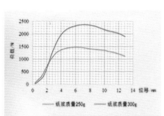

▲手糊成型——接触低压成型方法

纸浆手糊成型法又称接触成型，是以手工操作为主，较少使用机械设备。它是将纸浆直接用手糊在特定加工的模具表面，经干燥、脱模等程序，得到制品的一种成型方法。它适用于多品种、小批量制品的生产，且不受制品种类和形状的限制。

▲模塑成型——模具模压成型方法

纸浆模塑成型法是以一定浓度的纸浆，加入适量化学助剂，在带有滤网的模具成型机中，通过真空或加压的方法使纤维均匀分布在模具表面，从而形成具有拟定几何形状与尺寸的湿纸模坯，经过进一步脱水脱模，干燥、整饰而成的纸浆制品。

▲项目创新点及成果

① 探究出纸浆成型的两种加工方法及工艺流程。

② 首次利用 3D 打印技术设计并加工纸浆成型模具，并利用该模具模压出性能较好的纸浆凳模型若干。

③ 在中国家具科技类核心期刊《家具》杂志上发表学术论文 2 篇，分别是"浅析纸浆家居产品特点及适用类型"和"试验探究纸浆家居制品的成型方法"。

④ 申请外观专利一项"一套纸浆模塑儿童凳"，专利号：201530067268.2。

▲纸浆模塑家居产品部分设计图

# Rainbow 儿童模块化家具

项目旨在探究符合幼儿园环境特色和辅助幼儿教育的幼儿园储物家具设计方法，让幼儿园储物家具在满足功能的基础上发挥教育作用，具备更丰富的功能。让儿童在自主归纳物品的过程中，帮助儿童形成归纳分类思维，激发创造力，增强独立生活能力。

## 2014 年北京市级大学生创新项目

设计：冀瑶慧 陈则铭 刘敏 李韵 指导老师：常乐

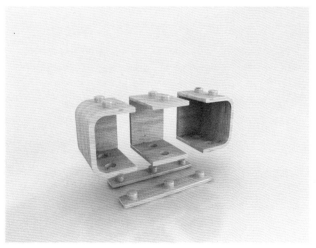

# 非固定箱式托盘结构优化设计

固定式箱式托盘存在箱体占据较大空间、重复利用率低下等问题，项目旨在设计出一款可快速重复拆装的箱式托盘，满足强度同时，方便拆装且用料节省。

## 2014 年北京市级大学生创新项目
设计：薛婉婉　　指导老师：李晓刚

托盘结构参考花格箱，给予压杆稳定条件，利用拉格朗日乘子法对箱体侧板尺寸进行优化，借助整体包装设计 系统软件的参数化设计功能以及三维设计软件 Solidedge 建模和有限元分析功能，生成箱式托盘模型，并进行仿真实验，最后利用真实实验验证结果。

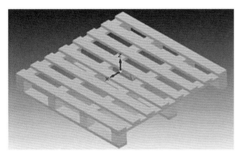
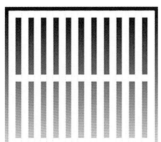
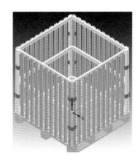

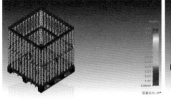
**a 堆码分析应力云图**

**b 堆码分析位移云图**

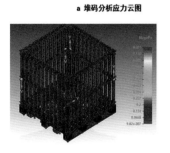
**c 叉装分析应力云图**

**d 叉装分析位移云图**

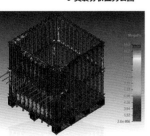
**e 水平冲击分析应力云图**
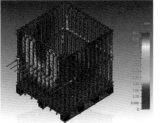
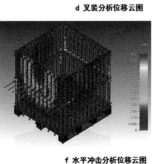
**f 水平冲击分析位移云图**

# PART 2　设计比赛作品
## Competition Works

　　家具系鼓励学生积极参加家具设计、室内设计及工业设计等各类设计竞赛活动，通过竞赛锻炼学生从方案构思、功能研究、设计表达乃至样品制作的全过程的综合工作能力，以赛促学。近年来教师指导学生积极参加国际、国内各项竞赛，如金斧奖中国家具设计大赛、IDA(International Design Awards)、永安竹家具设计大赛以及中国包装创意设计大赛等。学生凭借灵活的设计思维、丰富的创意及完整的作品表达在国内外各大设计竞赛中崭露头角，屡获佳绩。

▲ "天坛·北林杯"首都高校大学生家具设计大赛启动仪式

▲ 参赛作品屡获佳绩

# 弈 椅

方圆之间坐拥天地黑白交错观棋对弈，是皮革与金属的碰撞，更是古典与现代的交流。愈细愈薄所产生的灵动之美，追求对立融合的统一，便是「弈」的灵魂。采用弯曲钢管作为家具主体，设计特殊的金属连接件，将胶合板座面与主体结构相连。辅以皮革包覆座面和靠背扶手部分，增加家具产品的舒适性。

## 2014-2015 金斧奖中国家具设计大赛 银奖

设计：毕启彤 李冬媛　　指导老师：张帆

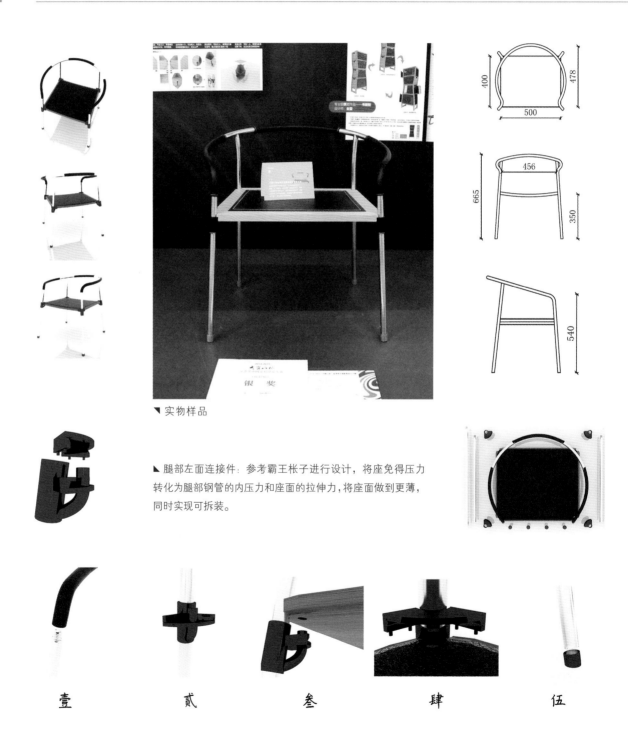

▼ 实物样品

▲ 腿部左面连接件：参考霸王枨子进行设计，将座免得压力转化为腿部钢管的内压力和座面的拉伸力，将座面做到更薄，同时实现可拆装。

壹　　　　贰　　　　叁　　　　肆　　　　伍

# Hide-and-seed Chair 户外亲子家具

Hide-and-seed Chair 顾名思义是捉迷藏椅，属于户外家具。从坐具的形式上提供了亲子之间的交流互动。小椅子有一定自由的推拉活动范围，但是是无法完全抽离出来的，其永远在大椅子的"保护"之下，这象征着母亲和孩子之间的关系。

**2014-2015 金斧奖中国家具设计大赛 铜奖**
设计：戴雅文 鲍慧平 李华慧 韩煜　　指导老师：张亚池

◢ 组装过程

◢ 实物样品

◢ 推拉示意

# 牛仔与木 边柜

原木的色泽纹理、简约沉稳的八字造型与牛仔布料的蓝搭配，透露出追随自由人性本真的牛仔精神。
平和自然，不加矫饰，内敛含蓄，是这件家具试图传达给使用者的生活态度。

## 2014-2015 金斧奖中国家具设计大赛 优秀奖

设计：范雪 杨舒英 李华慧 冀瑶慧　　指导老师：张帆

▲实物样品

结 构 与
细 节 ／

弹卡 ◢ 可拆卸的趣味

布衣 ◢ 牛仔如衣可更洗

卷轴 ◢ 如同卷起一幅画卷

# 禅椅

同样浓缩了"禅"的理念，这把椅子和中国的传统禅椅有异曲同工之妙。不同的是这把椅子在高度上比一般禅椅要矮，而且少了装饰上的繁冗杂乱，多了线条上的流畅简洁，更符合禅的理念——空灵无物，让休憩之人恬然安静。

## 2014-2015 金斧奖中国家具设计大赛　优秀奖

设计：刘晴 郭铠瑜 方嘉成 黄仪 陈则铭　　指导老师：张帆

▲实物样品

# Tong 桌

这是一款为有儿童的小户型家庭设计的餐桌面设计的联想是儿童餐椅，将餐椅与餐桌结合，为小户型家庭节省空间并让孩子与家人同桌享受进餐的乐趣，同时下陷空间可以作为存储空间储存杂物、杂志等物品，令桌面保持整洁。

### 2014-2015 金斧奖中国家具设计大赛　优秀奖

设计：吴迪靖 谷明燕 赵易 侯梦琦　指导老师：朱婕

▲ 托盘处设计精巧，与桌面完整拼接，盘面上小巧的托盘孔洞，便于托盘的拿取。

▲ 作为两用座椅功能的餐桌在儿童小的时候可以作为座椅方便就餐时的使用，让孩子与父母一同能够拥有更合适的用餐环境，tong 桌也因此得名。

▲ 餐桌具有成长性，在儿童座椅停止使用时下陷部分可收纳餐桌上杂乱的物品，为小空间餐桌提高整洁度。

# 焕象 沙发

焕象灵感来源于苏州园林，花墙造景，虚实相称，移步换景。在有限的空间内，呈现广袤世界之景观。
翻转软包，便可适应季节，带来焕然一新的使用体验。

## 2014-2015 金斧奖中国家具设计大赛 入围奖

设计：戴雅文 范雪　指导老师：张亚池 张帆

夏季时，将靠垫和扶手垫往外翻转，软包衬托了靠背的装饰性结构，极具传统的韵
味，同时也给使用者带来清凉和新鲜的感受。冬季时就将靠包和扶手包放在沙发
上，增加软度和舒适度。

在结构上，采用的是框架式沙发的结构，全实木框架采用榫卯结合，座垫和扶手的
软包采用藤编和软布两种配合面的形式来适应季节的变换。

▲ 实物样品

# 千梳椅

以榫卯结构搭起主体部分，以绳结与琴马的变形结构来连接座面与主体，形成了一个外形类似秋千的椅子。
榫卯交替绳结的使用，给予椅子的坐更多的实现方式。

## 2014-2015 金斧奖中国家具设计大赛　入围奖

设计：成诗羽　　指导老师：常乐

▲秋千连接方式　　▲椅子造型

▲座面高度可调

▲椅面高度可调

▲绳子缠绕方式可调

▲实物样品

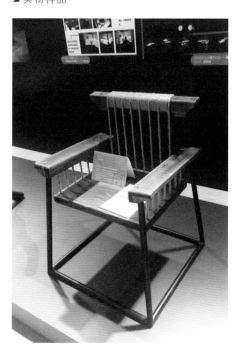

# Basic Change 微型书房

"Basic Change 微型书房"是一个把箱柜通过简单组合变化变成完整书房家具（书桌、书架、储存箱、凳子）的设计，其节约空间、功能多样的优势适应于现代城市生活的发展要求，也是顺应时代特征的产物。

## 2012-2013 金斧奖中国家具设计大赛 铜奖

设计：左静　　指导老师：郭洪武 张帆

◄实物样品

家具的每个单体都依据人体工程学原理经过了精良的考究；颜色上，主体为黑色，并搭配少许白色进行调节，既体现了木材本身的简洁自然，又成就了经典的时尚搭配；造型上，采用虚实结合的手法，给人视觉上的均衡稳定感。

连接：榫卯结构、五金连接件
尺寸：810mm×540mm×1100mm

# 大鱼 儿童成长型家具

近年来，独生子女逐渐增多，孩子需要伙伴，为此我们特别针对独生子女设计了儿童成长型家具。这款"大鱼"可以伴随孩子的成长而具有不同的使用功能。它的主体由松木锯切而成，网兜采用尼龙质地，结实又环保。"大鱼"根据功能不同可供0~9岁儿童使用。大鱼——不仅是传统意义上的家具，更是孩子成长的好伙伴。

## 2012-2013 金斧奖中国家具设计大赛 铜奖

设计：方时 魏雨晗 李华慧        指导老师：张帆

▲实物样品

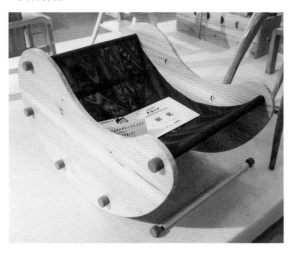

"大鱼"可以像一个伙伴一样陪伴孩子的成长，在孩子婴儿时期是一个舒适的摇篮；在学习坐、站时期是一个有手扶的位置的依靠；在孩子可以读书、画图时是一个可以书写学习的小桌子；在和小朋友一起嬉戏时是跷跷板；家长可以通过摇动它和孩子互动；孩子可以把心爱的玩具放进它的"大肚子"。

▲外形通过三个相切圆的几何关系确定

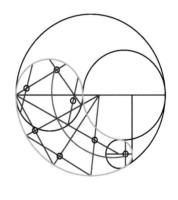

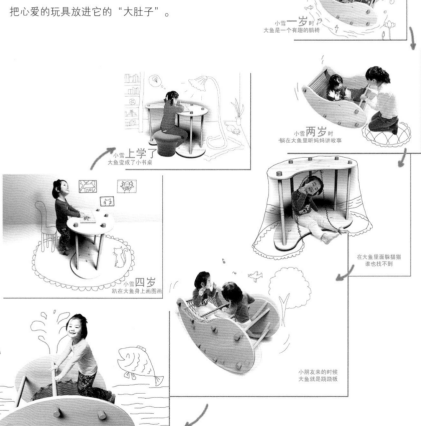

# 长颈鹿椅 玄关家具

结构简单但有多功能，为当今的时尚代言。

长颈鹿椅的这款设计简单明了，采用动物拟声，增加生活的趣味性。而实木（榉木）给人一种亲切感。忙碌了一天的单身族们进门就能卸下一身的"负担"，轻轻松松地进入室内。

它不仅兼具了座位、挂物品、放鞋的功能，而且占地空间小，能满足小户型对玄关家具的需求。

## 2012-2013 金斧奖中国家具设计大赛 铜奖

设计：李璐　　指导老师：张帆 朱婕

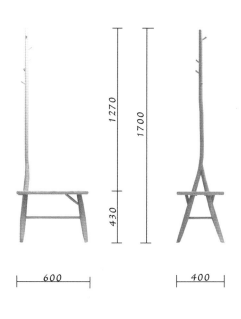

▲实物样品

# 空木 餐椅

简则构架，繁则多变也。

"空（kòng）木"追求以极简的构架实现形式和功能的多样变化。她，高背椅，既可以随意更换椅背和座垫上的布套成为装饰餐厅的"背景墙"，亦可以取下椅背上的布套，成为卧室中的衣帽架。简洁的造型，多样化的配饰赋予了她独特的时尚感。木材可选用深色的胡桃木和浅色的柚木；榫卯连接。

## 2012-2013 金斧奖中国家具设计大赛 优秀奖

设计：莫然 曾俊　　指导老师：于秋菊

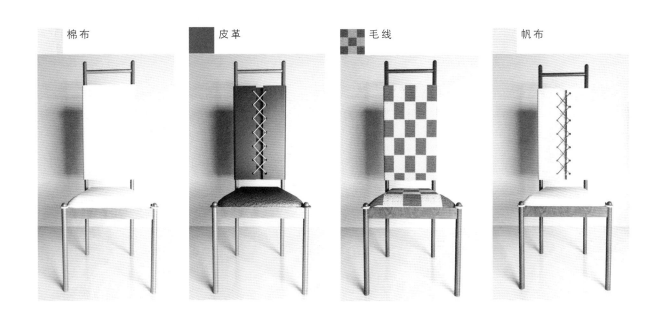

棉布　　皮革　　毛线　　帆布

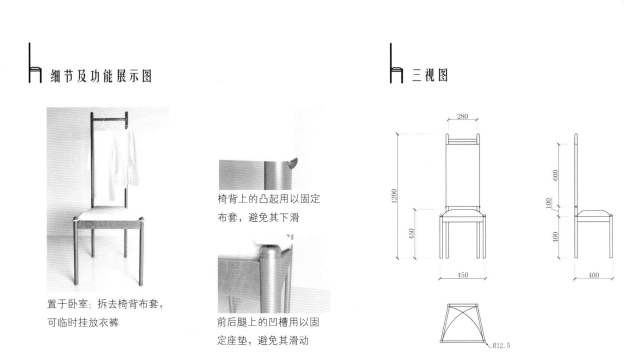

细节及功能展示图

置于卧室；拆去椅背布套，可临时挂放衣裤

椅背上的凸起用以固定布套，避免其下滑

前后腿上的凹槽用以固定座垫，避免其滑动

三视图

280
1200
450
450
600
100
400
400
R12.5

# 木蝶 休闲椅

碟般轻盈灵动，木般温润朴实；椅子的设计意在传递出中国传统文化中虚实相生的意境。木蝶，造型上融合了圈椅的古朴典雅和现代板极简主义设计理念，是一种古典与时尚范并存的休闲椅。

木材选用深色的胡桃木和浅色的柚木。通过实木弯曲工艺，使构成靠背－扶手－椅腿的多段木材连接成一体，从高到低一顺而下，线条简洁流畅；椅背和座面的曲线均贴合人体，符合人体工程学。

## 2012-2013 金斧奖中国家具设计大赛  入围奖

设计：曾俊 莫然　　指导老师：朱婕 行焱

符合人体工程学的背部曲线

借鉴霸王枨的形式，连接和固定椅腿和座面

# CATCHEN 多功能家具

"CATCHEN"是一面墙，它可以吸附厨房里的各种硬物，让您免除频繁打开、关闭柜子的麻烦。
它灵活的吸附能力甚至可以接受您使劲扔向它的玻璃杯。

## 2013 IDA 国际设计大赛 全球 TOP40

设计：李璐 鲍慧平　　指导老师：赵小矛

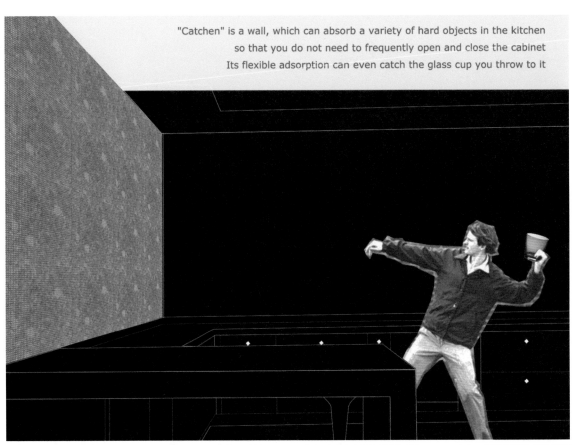

"Catchen" is a wall, which can absorb a variety of hard objects in the kitchen
so that you do not need to frequently open and close the cabinet
Its flexible adsorption can even catch the glass cup you throw to it

**Luminous**

夜晚可以发出淡淡的光，
增强装饰效果。

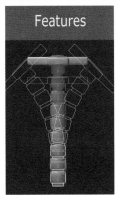

**Features**

可伸缩、弯曲，完美贴
合物体表面。物体碰触
时自动抽真空吸附，再
次按压时解除吸附。

**Others**

吸附物体的地方会产生
凹陷，凹陷处发出更强
的光，夜晚使用更方便。

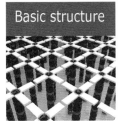

**Basic structure**

伸出墙体的软管＋十
字形吸附爪。大小约
20mm×20mm，密集
分布，让像勺子一样的
物件都可以被吸附。

# SHOE 家具功能配件

你是否遇到这样的困难，因家具体量太大而难以移动。
也许我们的设计能帮助您解决这样的困扰。
这是一双特殊的鞋，可以被安装在大型家具的腿部，方便家具的固定和移动。

## 2013 IDA 国际设计大赛　全球 TOP40

设计：吴静 门宇雯 杨玉丹　　指导老师：赵小矛

 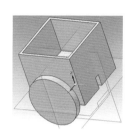 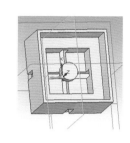 

当家具穿上这双"鞋"时，因为滚轮的存在而便于移动。

当家具固定在某一位置时，将轮子旋转 90° 成为家具脚垫，
可增强家具的稳定型，保护地面。

# Melted Star 沙发

你可曾感受过坐在一团光中的感觉？有内置微电脑、液晶屏幕的太阳能沙发——Melted Star
（融化的星星）沙发提供你一切需求。通过更新不同的程序，Melted Star 可以实现不同的功能，
如健康状况、显示时间、照片、天气等。

## 2009 IDA 国际设计大赛·全球第三名

设计：栾超　　指导老师：田原　张帆

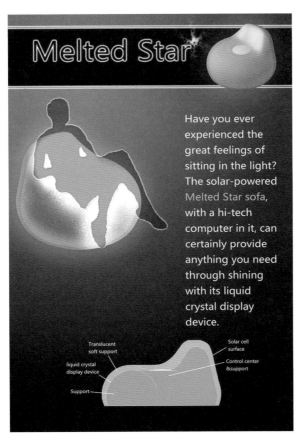

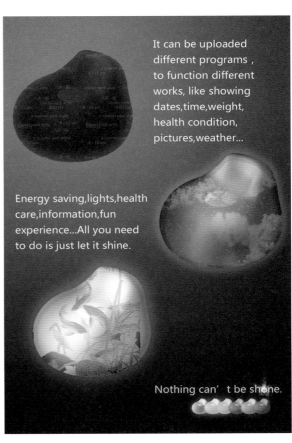

▲科隆市长接见前五名获奖学生

▲ Melted Star 创意

未来应该是更高科技的，也更人性化的。
Melted Star 在提供星星般闪烁的外观的同
时，也提供软软的触感与体贴的功能，在科
技中寻找人文。

# 致敬现代主义 客厅家具

针对osb板强度高、纹理质感明显、无污染的特点，选择金属不锈钢和玻璃材质等环保无污染材料一起去设计家具，受到红蓝椅，结构外露启发，与包豪斯的现代主义金属风格结合，设计一种以板材为主体，金属为构架，玻璃为点缀的系列简洁家具，重新去表现现代主义功能性的特点，向现代主义致敬。

## 2014"Alberta杯"OSB家具创意设计大赛 一等奖

设计：毕启彤　指导老师：张帆

考虑到osb板握钉力较差的特性，采用板材与结构插接的设计方式，每一部分都可独立组装拆卸，保留osb板材的完整性，充分展现它的优点，把osb板给人的特殊纹理质感表现出来，粗犷的osb板和细腻金属和玻璃的冲撞，使osb板更具其独特的魅力。此系列适用于现代时尚人群的家庭，工厂改造区的后现代工作区，户外以及商业区等广泛应用。

# "天坛·北林杯"

首届首都高校大学生家具设计大赛于 2014 年 9 月 –2015 年在北京举行，由北京金隅天坛家具股份有限公司、北京林业大学材料科学与技术学院、北京家具行业协会主办，并得到了清华大学美术学院、中央美术学院、北京工业大学的大力支持。

大赛主题为"寻你：校园好设计"，采用独具特色的导师模式，导师 + 学生小组参赛，充分发挥了导师丰富的经验与专业知识，以及学生的创新能力。导师团队由于厉战、高扬、蒋红斌、杨玮娣、张帆、朵宁六位导师组成。其中北京林业大学家具系学生参与的 4 个设计团队针对不同空间分别完成了一套完整的家具设计作品，并进行了实物样品制作。

▲ Boxes

设计：戴雅文 苏子青 廖兆聪　　指导老师：朵宁（度态建筑）

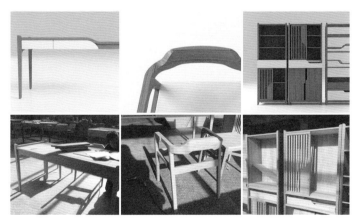

◣ 流·白

设计：赵蕾蕊 范雪 侯旭南　　指导老师：张帆（北京林业大学）

◢ 茗·静

设计：成坦　鲍慧平　梁缘　　指导老师：高扬（中央美术学院）

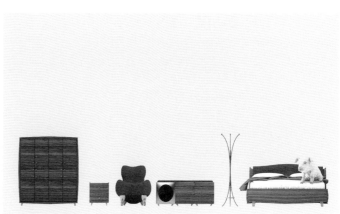

◢ P.I.G

设计：杨诺　曲倩颖　陈佳丽　　指导老师：于历战（清华大学美术学院）

# 靛金新中式沙发

五边形组合茶几，山水与实木演绎中式情怀，圆润的金色金属框架，给人的是浓浓的中国精气神。

## 2016 "我要去米兰"中国时尚家具设计大赛 入围奖

设计：李森然　　指导老师：张亚池 耿晓杰

▲ 亚灰软包　　　　　　　　　　　　　　　　▲ 金属杆暗藏玄机，一按，一拉，沙发便多了一些空间

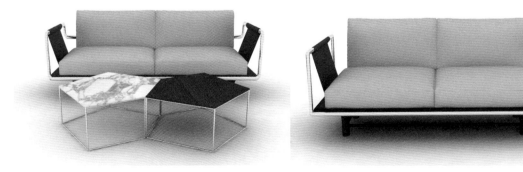

# 茶炉提盒

将古人林间烧水煮茶这种惬意的饮茶方式融入现代人的茶生活中，将茶水柜、茶桌、茶盘等功能集聚一体。

## 2016 第七届"红古轩杯"新中式家具设计大赛 铜奖

设计：范雪 门宇雯　指导老师：张帆

灵感来自于古人林间烧水煮茶的画面，画中人十分随意，席地而坐，一个炉，一只壶，几个杯子便可以品味茶香，将这种便捷、惬意的饮茶方式融入现代人的茶生活中，将茶水柜、茶桌、茶盘等功能集聚一体，便携式的设计让饮茶不再局限于特定的空间环境。

整体造型取自"明式食盒"，便于携带，人们可以将"茶炉提盒"带到任意地点，或是茶室，或是郊外，席地而坐，打开茶盒，便可与亲朋共享茶的芳香。

# 流觞曲水

"流觞曲水"是一种行为，也是一种意境。将这种意境引入到现代办公家具的设计中，能让当下浮躁的人回归平静，让平时紧张的办公空间变得轻松、快乐。

### 2015 第五届"中泰龙杯"办公家具设计大赛  优秀奖

设计：晏安然    指导老师：郭洪武

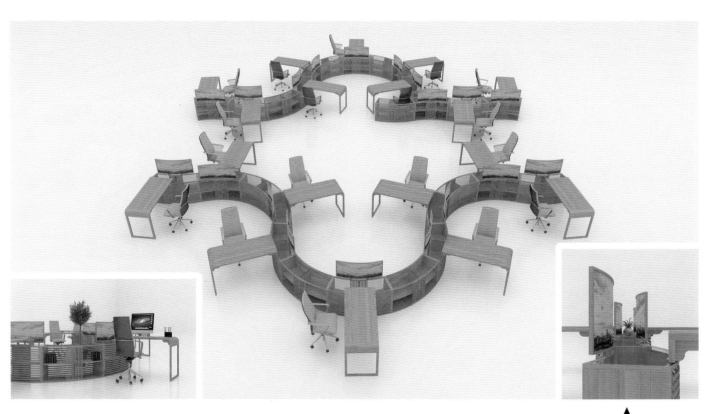

▲

文件柜顶部边缘有滑轨，桌子和屏风可以在上面自由移动。

# 高领编织椅

这把椅子的灵感来源于时装设计，类似于服装中的高领设计，不仅让椅子凸显出时尚感，而且能形成一个相对私密的空间，让使用者免受打扰的同时，还能被竹子的清香所环绕。适用于咖啡厅和高档会所。

**2016 第五届国际（永安）竹具设计大赛　优秀奖**

设计：晏安然　　指导老师：郭洪武

1060 mm

560 mm

380 mm

580 mm

# SOHO 缤纷乐

针对于 2~3 人的微型创业团队将时下流行的 LOFT 室内风格与 SOHO 办公模式相结合，设计出一套符合年轻人办公需求的办公家具。

## 2015 "百利杯"全国大学生办公家具创意设计大赛 优秀奖

设计：晏安然　　指导老师：郭洪武

智能触摸屏，用于调节工作桌的高度，可与手机app进行配对，实习健康站立办公。

站立办公桌

模块化文件柜

旋转轴承

液压升降杆

SOHO
聚会樂

SOHO
健身樂

通过对升降杆和拉伸杆配合使用，能将工作桌变成一张 1.5m 宽、2.7m 长的大长桌，不仅能用于公司会议，还能当聚会用的大桌。

工作桌，加上球网，摇身一变就成了乒乓球台，尺寸与标准球台大致一样，在平时工作之余可以锻炼身体。

# 上善若水

《老子》有曰：上善若水。人道、茶道皆含此理。整体以流水为造型元素，至简至柔。

## 2015 "深发红木杯"大学生中式红木家具设计大赛 金奖

设计：冀瑶慧 梁明 周苗苗 张然 成奕　指导老师：耿晓杰

此系列为茶室家具，茶桌具备屉装临时储水空间；
桌面微凹，有鱼形镂空饰，用于排水；
侧面有柱状出水口，连有棉线，以减少流水产生的噪音。

材质：酸枝木、黑胡桃木
结构：榫卯结构

# 宁椅

宁椅以南官帽椅为原型，继承了其贴合人体背部曲线的靠背，以简练而富有张力的线条，表达了内敛而睿智的韵味。找到自己的天空，但是不能忘记，自己的根永远深深埋在长辈这里。

## 2015 "深发红木杯"大学生中式红木家具设计大赛 银奖

设计：吴静　　指导老师：郭洪武

"非淡泊无以明志，非宁静无以致远"，让心灵宁静下来，才能走向更远的灿烂。

宁椅尺度稍大，既可以作为学习工作时候的书椅，也可以作为与亲友聊天畅谈的休闲椅。长时间工作后，将双腿盘起，放松身心，这时宁椅又是一个可以让人放空心扉、梦想未来的禅意。

尺度：600mm×500mm×840mm　　坐高：420mm　　材料：红木，黑色皮革（座垫）

# 线

以最基础的"线"以及"侧脚收分"为设计的基本元素，线条流畅生动，富有韵律感。

## 2015 "深发红木杯"大学生中式红木家具设计大赛 银奖

设计：闫波　　指导老师：耿晓杰

**设计构思：**

中国传统家具讲究的是线条的流畅，强调的是对"线"的把控，通过线条来反映美感也是中国人很特殊的美学观念之一，本套家具主要依据最基础的"线"，以及中国传统家具中"侧脚收分"的整体造型为设计元素。整体线条流畅，各个部件的连接均做了更加圆润的弧线形设计。类似中国书法中的起承转合，使整体看来更加生动，更具韵律感。

# 一帘幽梦

作品的灵感来源于宋朝词人李清照的《如梦令》，整体呈现婉约的体态，曲中带直，棱角分明。

## 2015 "深发红木杯"大学生中式红木家具设计大赛 银奖

设计：晏安然　指导老师：郭洪武

作品的灵感来源于宋朝词人李清照的《如梦令》，总共不过三十三字，通过生活中一个极其普通细节的描述，却呈现了一幅优美的生活场景，和作者丰富的内心世界。而这两点也是我认为新中式家具所应该呈现出的气质。

作品整体呈现婉约的体态，其中两把椅子最大的特点就是后腿和靠背的连接部分，形式上像扎起来的窗帘，而靠背在符合人体背部曲线的时候，拉起来也像是散落下的窗帘。同时椅子整体曲中带直。前后腿、管脚枨都做了弧面倒角处理，使椅子下部分棱角分明，看起来刚劲有力。

# 山水

设计灵感来源于中国的山水画，整体造型简洁淡雅、自然灵动。

## 2015 "深发红木杯" 大学生中式红木家具设计大赛　优秀奖

设计：闫波　张驰　李凯琳　　指导老师：耿晓杰

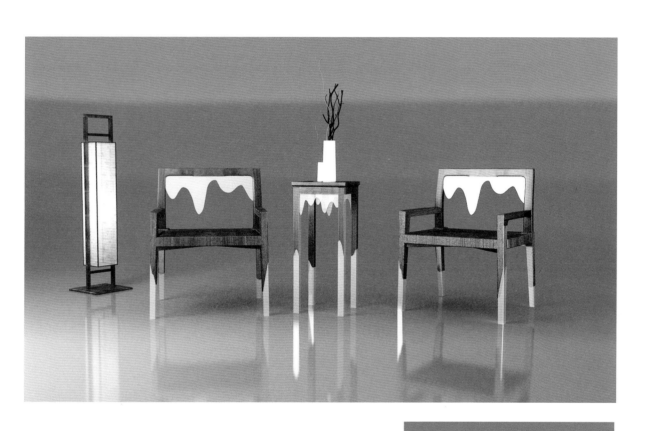

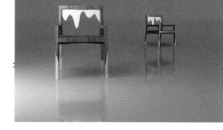

设计灵感来源于中国的山水画，整体造型简洁淡雅、自然灵动。色泽深沉、纹理自然的红木与剔透的亚克力相结合，宛如泼墨挥洒的层峦叠嶂上萦绕着丝丝云雾，椅背的造型是山也是水，仿佛一幅淡雅的中国水墨画。

椅腿和几腿由红木和亚克力相结合，营造远山飘在远端的意境。

# N 型除螨仪运输包装设计

包装材料选用为 B 楞瓦楞纸板，利用以三角形为设计元素的稳定结构来作为内部缓冲结构，利用本身设计的穿插结构成型自锁。本设计不仅是除螨仪包装，同时可以二次利用，经过简单加工作为储物柜使用。

**2016 年第二届中国绿色环保包装与安全设计创意大赛  优秀奖**

设计：杨国超    指导老师：李晓刚

▲ 包装成型过程                                                    ▲ 二次利用——储物格

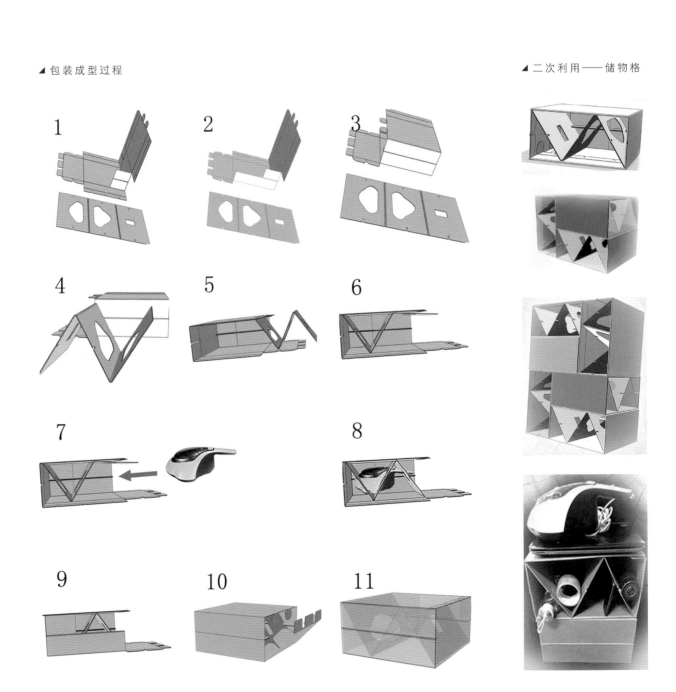

# 粗陶茶具包装设计

该纸盒分为缓冲衬垫与外包装两部分,采用一页成型。缓冲衬垫将产品架起悬空。外包装的防尘襟片经过折叠、开槽后固定壶盖,起到缓冲效果。

**2015 年"济丰杯"运输包装设计创意大赛 三等奖**

设计:蔡源春　指导老师:李晓刚

▲ 缓冲衬垫　　　　　▲ 外包装

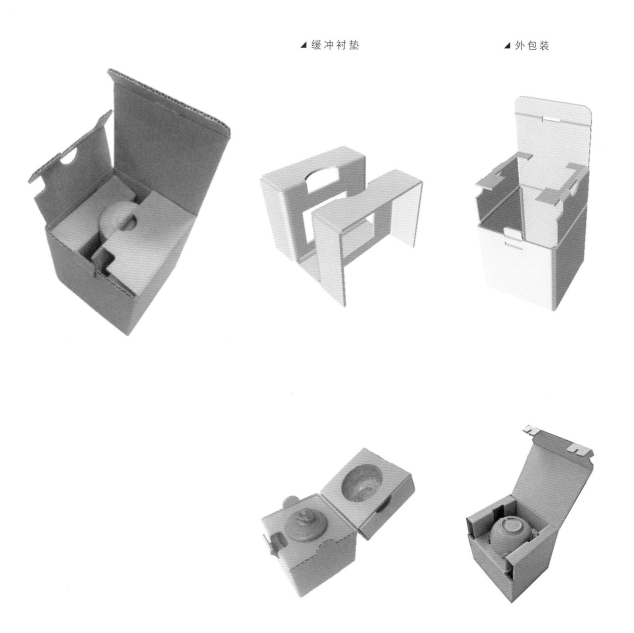

# 京彩 包装设计

京彩是本套北京小吃的包装设计名字，有抽象的京剧脸谱，也有抽象的京剧色彩。

## 2014 中国包装创意设计大赛 一等奖

设计：关欣浩　　指导老师：母军

北京小吃是极具地方文化背景的食物，
本设计将北京小吃与京剧相结合，
将京剧中的 生 旦 净 末 丑 分别对应了
北京小吃中的 驴打滚 豌豆黄 茯苓饼 艾窝窝 云片糕。
其中内包装选用无毒的透明复合塑料。
尺寸为 60mm×80mm×15mm。

# 瓷器艺术品包装结构设计

一款瓷器艺术品运输包装，在满足设计合理、环保经济的条件下，避免瓷器艺术品在运输途中损坏。

## 2014 中国包装创意设计大赛 一等奖

设计：王雪　　指导老师：李晓刚

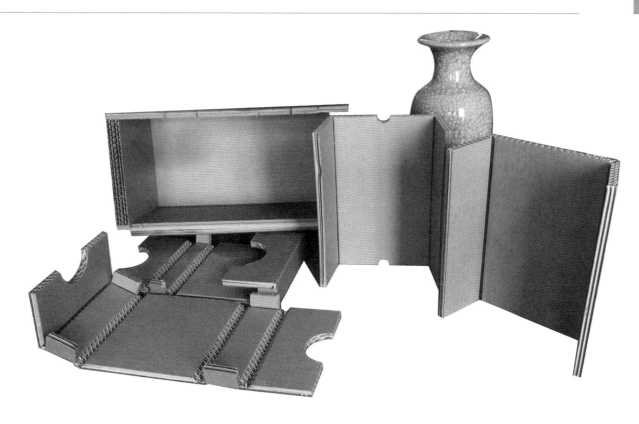

▶ 材料

将节材代木的思想进一步深化落实，以目前最具前景的重型瓦楞纸板为主体包装材料，它的性能远远超越了国产普通瓦楞纸，其超强的耐破度可与实木媲美。

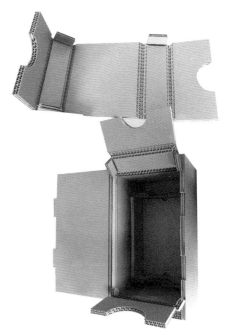

▶ 结构

"3 对称 +1 长城侧板"上下瓶颈脖卡套结构，便于拆装取出瓷器。将瓷器装入各固定结构中，放入外包装盒，用热熔胶粘贴成型。由于内装物珍贵根据不同材质的差异，还可以在装入结构之前填充绸缎或环保珍珠棉，防止内装物表面磨损。

# Katherine&pur 珠宝包装设计 LOVE 系列

此款珠宝包装采用全木包装，环保、美观的同时，木材的通透与珍珠的润泽遥相呼应，体现纯粹的理念。LOVE 的造型设计与自然的碰撞真实地诠释了"爱"的真切。

## 2014 中国包装创意设计大赛 三等奖

设计：宁凯敏　　指导老师：蔡静蕊

▲ 戒指包装装配图　　　　▲ 手链包装展开图　　　　▲ 项链包装展开图

装配图　　　　　　展开图　　　　　　展开图

# 日本京扇堂桧扇包装设计

日本京都京扇堂桧扇是日本最传统的扇子，以大气华丽著称，拥有极高的收藏、装饰的价值。本设计创意：具有良好的展示功能，扇面以中国的凤凰、蓬莱山为图案，扇子、流苏、扇架以及文字说明都可以清晰地展现给消费者，空间利用合理，结构紧凑。

**2012 中国包装创意设计大赛 三等奖**

设计：戴云婷　　　指导老师：蔡静蕊

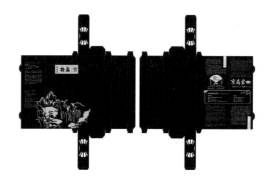

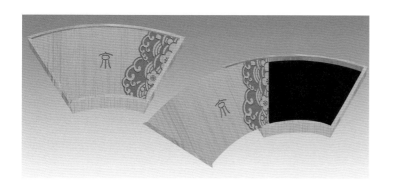

# PART 3

近年来，家具系各个设计团队和工作室积极参加国内外各大型家具设计展览会，通过展会的形式宣传北林家具设计的品牌和文化，积极推广北京林业大学家具系各项科研和教学成果，希望给设计专业的学生提供一个更加广阔的平台与家具设计圈的同行开展不同形式的交流与合作。在2016年，依托项目研究成果自主设计研发的改性速生材家具产品受邀参加米兰国际家具展、广州国际家具展、上海国际家具展，受到行业高度关注与好评，实现了我国林业院校家具设计与制造专业方向在国际行业舞台上的历史突破。

## 米兰 Milano
### 第55届米兰国际家具展·卫星设计展
### (SaloneSatellite 2016)

被称为世界三大展览之一的米兰国际家具展，创办于1961年，是全世界家具、配饰、灯具流行的风向标，是现代家具时尚设计的前沿，是意大利出口家具的平台，也是全世界家具业界人士每年都热切期待的盛会。

## 上海 Shanghai
### 第22届中国上海国际家具展览会
### (Furniture China 2016)

中国上海国际家具展览会（Furniture China）每年9月在上海浦东新国际博览中心举办，自1993年创办以来已成功举办20届，并以不断创新的信念，引领和守望着行业发展方向。2016年9月8-11日，中国国际家具展汇聚了3000家制造企业，为来自160个国家和地区的近10万人次海内外观众呈现了全品类、中高低端齐全的万花筒般精彩纷呈的家具展品。

## 广州  Guangzhou

**第 37 届中国（广州）国际家具博览会 &**
**第八届广州家居设计展**

全球家具界品牌含金量最高，最具价值的展会之一；被业界称是与意大利米兰家具展同等
档次的中国人自己的国际家具展，拥有巨大的行业影响力与号召力，享有"亚洲家居交易
中心""中国家具业晴雨表"等众多美誉。

## 青岛  Qingdao

**第 11 届青岛国际家具及木工机械展览会**

青岛国际家具展是中国北方第一大家具展，青岛国际家具展是一场包含了家具（实木家具、软体家具、红木家
具、板式家具、办公家具等）、木工机械、原辅材料、家居饰品、设计趋势等家具产业链全部内容的行业盛会。
每年 4 月份在美丽的海边城市—— 品牌之都青岛举办。

## 上海  Shanghai

**首届米兰国际家具（上海）展览会**
**卫星设计展（SaloneSatellite）**

首个以新锐设计师为中心的展会，旨在激发 35 岁以下天才设计师的创造潜力，是家具制造商、人才发掘者和年轻有为的
设计师们的重要交流平台。继 2015 年携手与米兰全球展之莫斯科展一起向俄罗斯青年设计师致敬后，它再次携手 2016
年 11 月的米兰国际家具（上海）展览会，向富有创造力的中国新锐设计师致敬。

# 第 55 届米兰国际家具展·卫星设计展

2016 年 4 月 12–17 日，北京林业大学材料学院家具系 D.C.R. 设计工作室首次携设计作品受邀参加了 2016 米兰国际家具展卫星设计展。集中展示来自世界各地年轻的设计力量的卫星设计展 (SaloneSatellite)2016 年在全球范围内共邀请了 8 所高等学校参加，我校是其中之一。

参展作品"山石 Stones'Tale"客厅家具系列与"小小明 Ming–ming"青少年家具系列完美诠释了中式元素与新材料的结合。"改性速生杨"新材料在家具上的应用十分契合 2016 卫星设计展的主题"New materials, New design"，并在国内外引起了众多媒体、设计师、设计院校以及协会同行的广泛关注。

这是我国林业院校首次受邀参加国际顶级家具展，展示了我校的科研与设计实力。

## ◢ 山石 Stones'Tale

山石 Stones'Tale 客厅家具系列，灵感来源于中国山水画中的"叠山"。以"山"为基本元素，勾勒简单的线条。方的山影与圆的石头相互衬托，以简胜丰，以少胜多，呈现出自然而深邃的意境。改性速生杨家具设计研发系列之一。

**主要参展作品**

山石 Stones' Tale 客厅家具系列

小小明 MING-Ming 儿童书房家具系列

| 展厅设计 | 小小明桌椅 | 宣传海报 | 小小明系列 |
| --- | --- | --- | --- |
| | | | 山石茶几 |

## ◢ 小小明 MING-Ming

针对青少年设计的书房家具系列。以明式家具为原型，用更为现代的语言体现中式的味道。基于改性速生杨浅黄偏白的木色搭配的明亮配色，时尚现代；圆润的造型，充满童趣。改性速生杨家具设计研发系列之一。

# 第 22 届中国上海国际家具展览会

2016 年 9 月 8–11 日，参加第 22 届中国上海国际家具展览会。此次展品包括国家林业公益性行业科研专项项目成果、首届家具设计营作品、本科优秀毕业设计作品，以及硕士课程成果作品。多角度全方位地体现了我校家具系综合实力。中国家具协会领导、行业专家、设计师等各界人士前来展位指导交流。

展览期间，我校展位吸引了众多家具业内人士前来咨询，展品的创意设计与新材料的应用引起了不少共鸣与关注。其中，"山石"客厅家具系列更荣获 2016 "中国家居产品创新奖"客厅系列的铜奖。

| 展厅设计 | 凝气榻 |
| --- | --- |
| 轻古典系列 | |

**主要参展作品：**

山石、轻古典、凝气塌、模方、天地合、提芽几、蝶椅、
两用椅、牛仔与木、蘑菇凳、方凳、小熊纸凳、立方凳

| 牛仔与木 | 蝶椅 |
| --- | --- |
| 两用椅 | 提芽几 |

# 第 37 届中国（广州）国际家具博览会

2016 年 3 月 18—21 日在广州举行，在本次展览上，展示了北京林业大学家具设计与工程系 D.C.R. 设计工作室"家具用速生材改性及应用关键技术研究与示范"的研发成果。展品结合了改性速生杨新材料研发与民用家具新设计，在院校区独树一帜，获得评委一致好评。原创设计展品更获得了多个奖项——"心苗"儿童家具获第八届家居设计展"华笔全国家居设计大赛"创意设计奖，教师张帆获最佳指导老师奖。硕士研究生范雪、门宇雯的设计作品"茶炉提盒"获第七届"红古轩杯"设计大赛铜奖，显示了我校家具设计的水平，提高了我校的声誉。

展览期间，我校参展的设计作品及科研成果受到了行业专家的一致认可，新材料与新设计的结合也获得了肯定，受到同行企业的关注，起到了很好的展示效果与推广作用。

| | 宣传海报 |
|---|---|
| 展厅设计 | 改性速生杨样块 |
| 椅子系列 | 心苗儿童家具系列 |

**主要参展作品**

心苗 儿童家具系列、低面 餐厅家具系列、
格 衣柜系列、北欧 Sunshine 椅、异 椅

## ▲ 心苗 儿童家具

婴儿床重点考虑了儿童的安全问题和家具的成长性问题，在婴儿长大后，可以转换为双人座椅使用；换布台是专为监护人为婴幼儿替换衣物、尿布等设计；亮格储物柜作为空间功能的补充，进行了展示功能的合理设计。柜体的柱体造型好似萌芽的新苗，谐音"心苗"，取希望、祝愿之意。改性速生杨家具设计研发系列之一。

## ▲ 低面 LOW POLY

低面设计是一种数字艺术风格，即 LOW POLY——低多边形。低面设计有别于拟物化与扁平化，其独特的抽象质感，是跳过事物的华丽外表提炼出的内在本质，同时又保留了一些带有复古情怀的变化。"低面"餐厅系列借用了低面设计的概念，看似简单的方材切角或线条分隔，却让整套餐厅系列显得朴实却不粗糙。改性速生杨家具设计研发系列之一。

## ▲ 格 Ge

"格"是风格，是品格，是格调。"格"系列家具试图用最简洁的语言，以最基本的几何元素"方"与"圆"作为主要设计灵感，力图将实际使用功能与造型结合起来，减去多余的装饰使得"格"系列家具在造型和功能得到统一。家具采用实木板式化设计，让生产、加工、运输、安装变得更加的方便和快捷。改性速生杨家具设计研发系列之一。

# 第 11 届青岛国际家具及木工机械展览会

2014 年 4 月 18-21 日，北京林业大学家具系"最"设计工作室受邀参加第 11 届青岛国际家具及木工机械展览会，获得圆满成功。在 DESIGN ZONE 区域，设计工作室凭借着创新的设计、别具一格的新中式风格、独具匠心的摆场，成为本届家具展上一道亮丽的风景线。

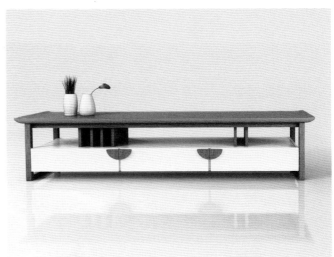

**主要参展作品：**

"团圆"系列家具

致力于新中式家具的研究与创新的北林家具系，在此次展会上携"团圆"系列原创家具参展，无论是展会主办方、业界同行还是参观观众，均给予了高度评价。"用好产品说话"这向来是家具企业以及设计机构品牌宣传和营销的铁律，好的产品会自己讲故事，从而吸引经销商和消费者，"团圆"系列正好说明了这一点。

| 边柜 | 电视柜 | 展会现场布置 |
| --- | --- | --- |
| 花架 | 长沙发 | |

# 首届米兰国际家具（上海）展·卫星设计展

2016年11月19-21日，首届米兰国际家具(上海)展在上海展览中心成功举办。其中针对年轻设计力量的卫星设计展( SaloneSatellite )也作为本次展览中一个十分独特的舞台，汇聚了全国 41 名年轻设计师的设计作品。

北京林业大学家具系硕士研究生范雪与 2016 届毕业生毕启彤经过全国范围的遴选，分别携作品蚂蚁·亲子桌椅与轻古典·椅子参加了本次卫星设计展。

Salone del Mobile. Milano
Shanghai

**19/21.11.2016**
Shanghai Exhibition Centre,

Fan Xue　　范雪

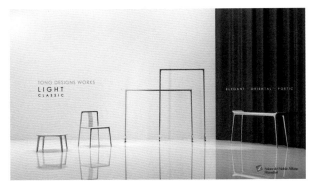

## 主要参展作品

ANT 蚂蚁亲子桌椅
Light-Classic 轻古典系列

▼ 卫星展创始人 Marva 与参展设计师合影 | 卫星展现场

### ◢ 蚂蚁 亲子系列之儿童桌椅

陪伴与依靠是孩子对父母的期待，健康与成长是父母对孩子的期许。

如果迫于工作与生活，不得不压缩陪伴的时间，

那不妨将每次陪伴，都精心打造成一份弥足珍贵的回忆。

徜徉在充满奇妙幻想的童话世界里，和可爱的小青蛙、巨大的蚂蚁先生做游戏……

"蚂蚁 ANT"系列 希望营造一个别致的小小空间，

让亲子间的互动更加温馨美好。

### ◢ 轻古典 系列之椅

轻古典系列是基于东方美学的格调上进行创作的。

目前这个系列包括单椅、边几、条案、衣架、挂屏五件家具。

它所展示的是东方诗意和空灵的美学感受，

不希望过于厚重和禅意，不希望过于朴素而安定。

它代表新一代年轻设计师对于当代东方美学的态度与探索，

在东方美学的无数分支中寻找到一种东方灵气。

Fan Xue 范雪

Bi Qiting 毕启彤

# PART 4

"北林家具设计营"（BJFU——Furniture Design Workshop）是北京林业大学材料科学与技术学院家具设计与工程系举办的设计实践活动，是家具实践教学的一次全新尝试。设计营聘请校外专家、设计师与校内老师联合，结合本科生课程培养要求，举办短期"workshop"活动，旨在培养学生创新思维和设计实践能力。此次设计营以"新中式家具设计"为主题，各组同学在业界优秀设计师的带领下，从课题研究、方案设计到样品制作进行了一次精彩的设计探索，将中国传统家具文化的精髓与现代中国生活方式、审美文化进行了完美的结合。

2016 年 5 月，北京林业大学家具系 D.C.R. 设计工作室应邀参加曲美公益基金会举办的"旧爱焕新·创意达人秀"公益设计活动。活动主题为"万众设计，绿色觉醒"，作品将巡展，拍卖所得用于资助社会公益。用爱心改造旧物，也是在用爱心为社会公益献出一份力量。17 名北林学子集思广益，用双手改造身边旧物，思维的火花最终碰撞出优秀的作品。

# 2015 北林家具设计营
## BJFU Furniture Design Workshop

# A 组：梦回蓝山 / 流盼绛韵

设计：唐昌辉 刘晴 荆唱 许可 杨思奇
指导老师：周宸宸 张帆

▲实物样品

形式并不是最重要的，但既然我们做的是新中式，就一定要有东方气质。设计是一个很庞杂的过程，包罗万象。同样的，一个好的空间，乃至一张图，背后都包含着很多很多因素。将狭义的、具体的色彩和空间忘掉，带着寻找好的色彩和空间过程中的思维方式、状态和潜意识去考虑产品的设计。中式，是中国人内在形成的行为方式。根据中国人审美做出来的家具就是新中式家具，东方气质很重要。

### ◢ "平"

体现稳重、平衡、包容质感。细节部分的精致思考成为整个沙发的设计亮点。沙发的整体颜色随空间设计而进行变更。既是一套家具的中心物件，又是可以作为其他精致家具的背景。

### ◢ "山无棱"

书案两端有翘起的圆润小楞，能够防止书卷横向滚落，又为案边增加生气。案端与腿弯曲相连，造型一气呵成，意为源源不断。案板下部加以曲撑，一为联系各个部件，成长流常有之势，二为加固板部件之用。

### ◢ "妍"

整体为框架式的结构，前后方对称的凹陷部分和凸起的顶面是整个设计的亮点。在色彩上采用木色与两种主题色混搭的组合使整个茶几看起来稳重而深沉。下方腿部支撑采用木框架，减轻整体的重量感，营造一种轻盈，灵动的感觉。

### ◢ "天地合"

将柜子按照特定的比例分割，上方比下方略窄的设计，使得整个柜体修长而挺拔。虚实结合的设计不仅增加了柜体的神秘感，也增强了柜子本身的功能性。中式感极强，却不失现代品味；体量感极大，却不失活泼灵动。

### ◢ "融"

这款边桌最大的特点是没有特点。但无特点的事物绝非无存在意义，它似乎无特点，但却像 UNIQLO 的衣服一样百搭。这种去风格化的东西是没有棱角的，它适合许多空间，能与很多风格的家具搭配。这是其存在的意义。

### ◢ "空自在"

前低后高的设计，有高升之意。同时后部的靠背部分到腰部，满足使用需求，椅子线条简洁明了，与书房的气与意结合起来，更有韵味。

# 2015 北林家具设计营
## BJFU Furniture Design Workshop

# B组：轻榫

设计：李凯烨 郭一凡 邹亚洁 李优 卢邻同
指导老师：刘岩松 耿晓杰

▲实物样品

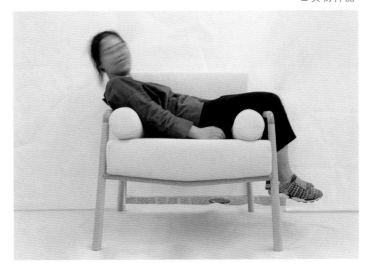

如今，新中式的诞生，是中国传统文化在当前时代的演绎，巧妙地运用榫卯结构，便是对中国传统文化的很好传承，但传统文化的复兴，并非是复古明清，也不是存粹的元素堆砌，而是通过对传统文化的认识，站在中国传统文化的肩膀上有所创新，在造型、结构、颜色、材质上以现代人的审美和需求来创造富有传统韵味的器物。

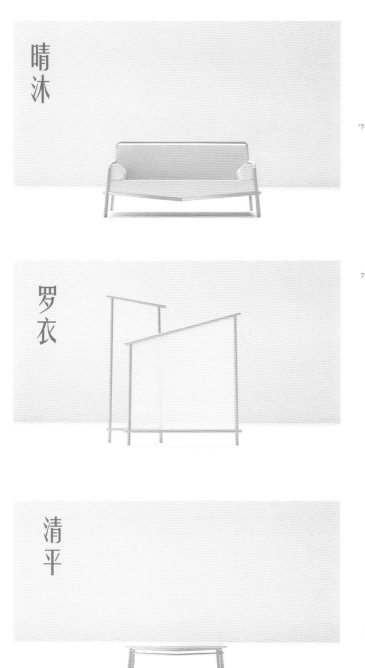

晴沐

罗衣

清平

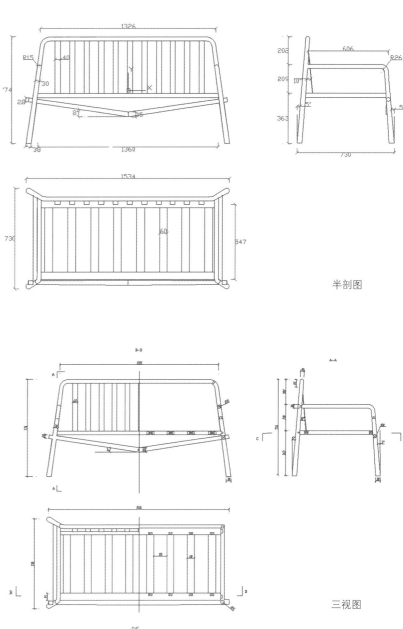

半剖图

三视图

# 2015 北林家具设计营
BJFU Furniture Design Workshop

## C 组：新中式·空间

设计：张然 郝运 郑紫纯 毕启彤 鲍慧平
指导老师：葛治 朱婕

▲实物样品

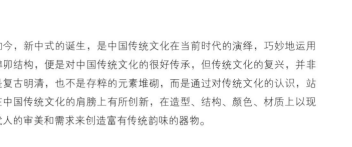

如今，新中式的诞生，是中国传统文化在当前时代的演绎，巧妙地运用榫卯结构，便是对中国传统文化的很好传承，但传统文化的复兴，并非是复古明清，也不是存粹的元素堆砌，而是通过对传统文化的认识，站在中国传统文化的肩膀上有所创新，在造型、结构、颜色、材质上以现代人的审美和需求来创造富有传统韵味的器物。

▲ 这套座椅配小桌的家具本身就是一个空间的存在。即便是钢筋混凝土中也有竹林间的闲适。在我们的空间中，茶室是和书房隔水相望。在书房中工作的时候抬起头看见对面的"竹"与"水"就是一幅空间中的山水。在虚虚实实，实实虚虚的朦胧之中，享受"一人发呆，无所事事的快乐"。

▲ 回归最经典国风，回归最本质需求，寻一处净地，归浮躁之心，此套家具形态古典，尺量充分适应现代人的行为习惯，形成于茶室空间，却又可跳脱出空间，以家具形成空间氛围，宁静闲适 中式，以每件家具形态功能来引导使用者关注生活细节，创造生活美学。

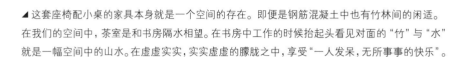

▲ Summer house 的空间作用为休闲度假，调养身心，修身养性。而其中的茶空间我更想营造出一种"日脚扫昏翳，新云启华闼。谣谣厌夏光，商风道清气"的自由闲适、安逸谧静的气氛；种满绿植、自由随性的花台；孤零零立于宽阔水面的冥想台和水的结合呈现"深院静，小庭空"的感觉；因而我设计了这款严肃又不失活泼的茶家具，以凝气聚神。屹于水边，看水、观景、吃茶，"雍容清庙，谧尔无虞"。

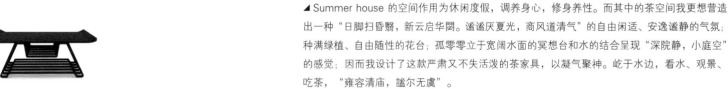

▲ 书房敛神，茶室弥散，一张一弛分立两端，而生欣赏。我们的空间茶室与书房分置于庭院两侧，两两相望。中间一池碧水，倒映万物。此茶桌，取"水平如镜"作桌面，"倒影群山"为下摆，是为让思维悠远辽阔之——弥散。

▲ 大拙为巧，现古朴之气。不夺人关注，为具之所用，却凝气与其周围。坐者得静，如同空间所表达的存心之地，可入思索的境中，感受流淌在无形中的气韵。

▲ 好的家具好比优秀的书法作品，一个漂亮的汉字，起笔，行笔，收笔，在笔画之中蕴含的是一股流动的气；一个提笔，一个点墨，或凝练或弥散的气也无形地蕴藏其中，给观者以舒畅的视觉感受。再观其结构，汉字的结构都是稳定的，有虚必有实，有聚集必有发散，其实家具中凝练的气也是相同的道理。八字腿形，凸显稳定的感觉，座板平展，营造静如止水的整体氛围，"形断而意连"的靠背短板，以贯通之气让家具精神饱满。整体稳重舒展，气势雄浑，谓之"观波澜而不惊，处万事以泰然"。

## 2015 北林家具设计营
BJFU Furniture Design Workshop

# D 组：模·方

设计：冀瑶慧 曾丹洲 张珊艺 杜船 肖金瑞
指导老师：张乐 常乐

▲实物样品

模块就是可以组成系统的，具有某种确定功能和接口的通用独立单元。

1. 单体足够简单，越简单越容易连接

2. 连接方式——凹凸（造型、连接处）

3. 使用者更多使用这个东西的可能性（发现潜在的功能）

4. 尺寸——两个坐高＝一个桌子的高度，适用的尺寸

5. 寻找单体，不一定是家具，合理的尺寸

6. 主体功能添加配件以增姐附加功能，单体基础上进行附加，成为完整个体

模块化新中式书房家具设计，设置三个基本的木框，满足使用者最基本的使用功能，在基本框架上实现功能构建，实现 1+X 的模块化设计

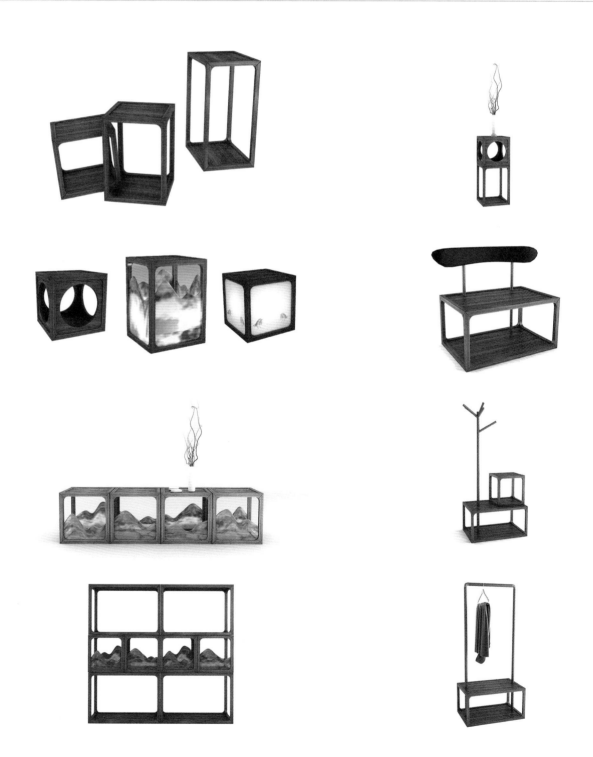

"旧爱焕新·创意达人秀"公益设计活动

# 茶空间家具设计

设计：范雪 毕启彤 邹亚洁 邓巧香 徐平平 曾丹洲 宋天睿 李俊漪 赵原 李亚男 潘晓晴 任镜涵 张霄 曾宇平
指导老师：张帆

参加曲美公益基金会举办的"旧爱焕新·创意达人秀"公益设计活动的作品——上川、缀色、南山、隐庐、闲意,分别由旧床龙骨、画板、衣物、音箱、藤编柜、茶几等旧物改造而来。其中很大一部分旧物来源就是小组成员中即将毕业的大四同学。

我们往往直到毕业季才发现,大学四年的回忆,都沉淀在在身边即将被遗弃的旧物上——画板、衣物、用旧了的小家具、当年设计作业的打样作品……都满满刻录着我们四年生活与学习的印记。比起在跳蚤市场上出售或丢弃,我们更愿用四年所学,让它们蜕变,新生!

▲我们希望改变被湮没在视线盲区的这些木的命运,让它们被发现,被关注,赋予它们鲜活的灵魂。旧货市场偶遇的废旧床龙骨,拼接为茶几面;两个小茶几架子高度调整,便可作为茶几腿;细白沙作为空隙间的填充物,可赏玩。

▲曾经发声,如今发光。废旧音箱与小射灯的尺寸吻合得恰到好处,旧围巾作为表面装饰让它们看起来十分柔软。"采菊东篱下,悠然见南山",灯光朦胧,悠闲,治愈。

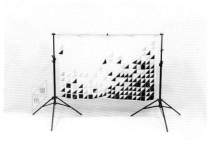

▲作为我们踏入设计领域的第一步,画板对于我们有着非常的意义。看着画板上零星的色彩与笔触,就想用它再来做一次"色彩作业"。旧画板的零星笔触,添上旧衣物的色彩,以白色旧围巾底衬为画布,"绘"一幅十分富有现代艺术气息的简易屏风。

▲放大"圆"所蕴含的禅意。旧的小茶几圆形的台面松动脱落了,但单纯地放在地面上很容易联想到茶几边两个圆形的蒲团,于是为它们填上两个软包。软包朝上是蒲团,可休息;木板朝上则是小几,可置物;清闲,禅意,多趣。

▲换一种形式,可能收获更多趣味。纸藤编织的小边柜门板难以修复,表面有些痕迹也已经难以去除。但刷上白漆,再换上布艺的卷帘,使用起来也别有一番趣味——物归所属,隐入帘后;可谓含蓄,影影绰绰。

# PART 5　工作室作品
## Design Studios

为了更好地促进产学研合作，推动家具设计与制造这一应用学科的发展，培养更多实践型优秀人才，家具系目前拥有 3 个面向企业和社会开展技术与设计服务的工作室——D.C.R. 设计工作室、最·家具设计工作室以及集成家居工作室，分别由张帆副教授、耿晓杰副教授与郭洪武教授带队，青年教师、研究生、本科生渐次成长，致力于提供设计研发及其他综合服务。

# D.C.R. 设计工作室

北京林业大学 D.C.R. 设计工作室，成立于 2014 年，隶属于北京林业大学材料科学与技术学院，由家具设计与工程系主任张帆创建，是一个年轻而充满活力的团队。

依托于材料、结构、工艺等专业学科，D.C.R. 设计工作室由实践经验丰富、学术水平高的骨干教师领队，由博士、硕士研究生作为中流砥柱，本科生渐次成长，形成了一个金字塔型的创意与学术兼顾的优秀设计团队。

自创立以来，D.C.R. 设计工作室为企业、学校以及国家科研项目提供支持，开展了诸多方面的工作，成果广受好评。工作室成员的设计作品曾在国内外设计大赛中屡获佳绩，荣获了 IDA 国际设计大赛、历届"大岭山杯"金斧奖家具设计大赛、"红古轩杯"茶家具设计大赛、中国家居产品创新奖等多个设计比赛奖项。工作室曾受邀参加多个国内外设计大展，引起了业内广泛关注。

常乐，博士　　张亚池，教授　　张帆，副教授　　朱婕，博士　　宋莎莎，博士　　柯清，博士

**D - Design 设 计　　　C - Consulation 咨 询　　　R - Relationship 关 系**

## ◢ 提供服务

### ◤ 基础研究
包括新材料、新工艺、新风格、人体工程学、前沿设计理念等方面的研究

### ◤ 调查研究
包括市场流行趋势、消费人群定位、行业动态等方面的数据收集与分析，最终形成调研报告

### ◤ 产品研发
包括产品改良设计、产品创新设计、室内装饰与设计、展厅与店面设计、VI 系统设计（如企业、产品形象设计等）

### ◤ 工厂设计
包括厂房布局、生产流程、工厂管理等规划设计

### ◤ 技术培训
包括企业人员培训、专业培训、学位培训、学术论坛、学术研讨、学术讲座等，为企业提供软性技术服务

### ◤ 鉴定检测
包括环境测评、材性分析、材料鉴定、产品检测等

### ◤ 专业咨询
包括国内外家具标准的检索，家具专业文献的翻译、检索与汇编

### ◤ 技术服务
包括木材加工技术（如新型木质复合材料、木材干燥、木材防腐、木结构等）、家具生产技术（如家具生产工艺、胶黏剂与涂料、家具五金应用）等方面的服务

### ◤ 产学研联盟
包括搭建学校与企业、协会、媒体、展会、高校、科研院所等单位的合作关系，推进行业发展，促进设计研发和成果的转化，建立学校实践基地，拓宽学生就业渠道

E-mail：dcrbjfu@126.com

地址：北京市海淀区清华东路 35 号北京林业大学森工楼 518

邮编：100083

电话：010-62336314；010-62336550

## 主要事件

**2013—2016 年**

国家林业公益性行业科研专项重大项目

改性速生杨家具设计研发

**2016 年**

参加首届米兰国际家具（上海）展览卫星设计展

**2016 年**

参加第 55 届米兰国际家具展卫星设计展

**2016 年**

参加第 22 届中国上海国际家具展览会

**2016 年**

参加第 37 届中国（广州）国际家具博览会

**2016 年**

参加曲美"旧爱设计"环保公益活动

**2015 年**

为秦皇岛乔式台球设计台球椅家具

**2015—2016 年**

与北京家美迪克卫浴设备有限公司合作

成立浴室家具共建研发中心

**2013—2015 年**

方太柏厨中式烹饪型整体橱柜设计研发

# 改性速生杨家具设计研发

国家林业公益性行业科研专项重大项目"家具用速生材改性及应用关键技术研究与示范"由北京林业大学材料科学与技术学院承担，以人工速生材高效利用为目的，以速生材改性技术为核心，生产高附加值木质家具产品，从材料前处理、材料改性、材料加工技术、产品设计、产品制造到产品挥发性有害气体检测与评价进行系统研究及产业化示范。其中改性速生杨家具产品研发任务由北京林业大学 D.C.R. 设计工作室主要承担。

速生杨本身具有生产周期短、成材速度快、密度低、材质软、力学强度差和尺寸稳定性差的特点。目前成熟的杨木改性技术主要通过横向压缩、内部浸渍等物理和化学方式改善材料的理化性能和力学性能。改性后的速生杨木密度增大、尺寸稳定性提高，并且具有良好的阻燃、防腐性能；材色浅白偏黄、朴素自然，具有独具特色的视觉特性与装饰性能。

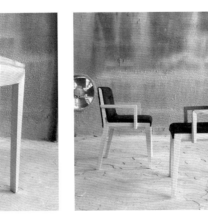

改性速生杨家具设计研发

**主要设计作品**

山石 客厅家具系列、小小明 儿童书房家具系列、

心苗 儿童家具系列、北欧 Sunshine 青年书房家具系列、

低面 餐厅家具系列、格 衣柜系列、异椅 等

# 厨房家具设计研发

2013 年 8 月，D.C.R. 设计工作室与方太柏厨合作对北京、上海、武汉、广州等 7 个城市的消费者进行了全面调研，发现问题，挖掘需求；并在此基础上更有针对性地进行了适合中国人烹饪习惯的整体厨柜研发设计。最终方案为第三方合作者万科肯定，并建成样板房。

2014 年 4 月，D.C.R. 与柏厨开始了第二次合作，为第三方万科的"幸福系"进行产品功能升级。内容从厨柜拓展到玄关柜、卫浴柜、衣柜等木作产品的研发设计；并在方案完成之后，将研发的产品整理为产品手册。

■ 入户访谈及问卷调研

■ 厨房功能、尺度研究

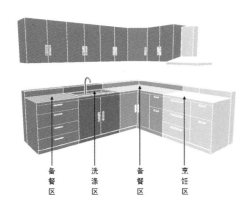

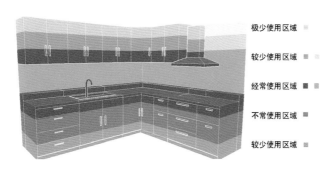

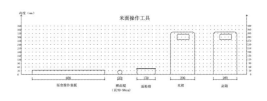

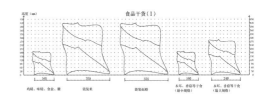

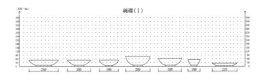

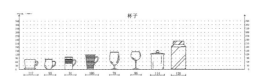

## 主要设计作品

小户型厨房整体厨柜设计

"幸福系"精装房厨房及储纳家具研发设计

■ 小户型厨房整体厨柜设计

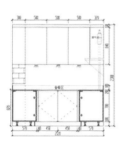

■ "幸福系"精装房整体厨柜设计

■ "幸福系"精装房玄关、卫浴及卧室储纳家具设计

■ 产品手册制作

# 卫浴家具设计研发

2015 年 12 月 16 日，D.C.R. 设计工作室与家美迪克卫浴有限公司合作成立北京林业大学 – 家美迪克浴室家具研发中心（共建）。

研发中心成立以来，主要完成了国内电商平台卫浴柜设计调研，多件电商卫浴柜设计研发，小美式与新中式等产品风格定义，以及多套小美式及新中式风格卫浴柜设计研发。研发设计方案经过遴选，部分已被打样成实物产品。此外，双方还进行了品牌网店装修设计与产品详情网页设计等相关合作。

▲ 电商平台卫浴柜设计

▲ 小美式风格卫浴柜设计

▲ 新中式风格卫浴柜设计

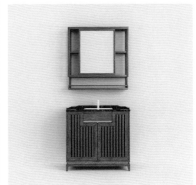

**主要设计作品**

电商卫浴柜设计、小美式卫浴柜设计、新中式卫浴柜设计

# 中式风格家具设计研发

2016 年，D.C.R. 设计工作室开展了多套中式家具的研发。

新系列产品基于对市场上现有的中式传统家具产品的调研以及对传统文化的研究，探讨了传统审美随时代变化的客观规律，以及传统文化元素的现代表现手法。

经过设计调研与文化溯源，新研发设计的中式家具不仅仅是元素的拼凑堆砌或工艺的华丽炫耀，其中包含了更多的、内敛的文人气息。

◢ 涧水无声绕竹流，竹西花草弄春柔。

◣ 陌上花开，可缓缓归矣。

——《钟山即事》宋代 王安石

—— 吴越王给夫人的一封信

陌
上 花
开

见
花 独 笑

**主要设计作品**

林泉之心——涧水竹流系列、

陌上花开系列

流水载花

一叶扁舟

# 最·家具设计工作室

北京林业大学最·家具设计工作室，主要致力于原创家具的研究与创新设计，是由北京林业大学材料科学与技术学院耿晓杰老师带领一群生机蓬勃的年轻人创建的团队。设计理念是"致虚极，守静笃"。

工作室是提供家具原创设计及沟通国内外优秀设计师的平台，希望把自然柔和的中国味道传达到每个人的生活中。最·家具设计工作室，超以象外，得环其中，将中国的诗意，揉入到家具的性格里。在产品设计方面，造型与结构的创新，是工作室一直孜孜追求的境界，中国传统文化与现代审美的交融是工作室一贯不变的目标；在项目合作方面，工作室与国内多家企业进行合作，目前正在合作的企业有北京珠峰天宫玉石科技发展有限公司、湖北崇阳天森实业有限公司、山东海阳兄弟木业有限公司与TATA木门有限公司，已研发出多套原创家具，在自身发展方面，工作室注重产学研相结合，力求精益求精。

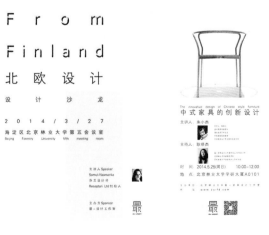

ZUII DESIGN

Website：www.zuifd.com

Email：Xj-geng@sina.com

Weibo：@ 最 – 设计　Wechat：fd share

Tel：1860-0192-0088

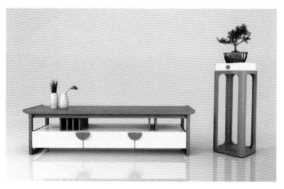

## 提 供 平 台

### 举办交流讲座

：

朱小杰讲座

北欧设计系列讲座

Samuli Naamanka

Jouni Leino

Mikko Laakkonen

### 参加家具展览展会

：

2014 青岛国际家具展

高密家具展

2014 上海国际家具展

### 家具原创设计交流平台

：

与造作、北京赞原创设计推广平台合作

Karuselli 椅子五十周年庆

# 中式风格家具设计

## 主要设计作品

楚意·栖居系列、静·和系列、曲水流觞系列等

◢ **楚意 · 栖居 系列**

桌面的不规则拼接，弯曲的腿型，是两种概念的碰撞。古典韵味，却也新潮现代。
唯楚有材，干斯为盛。圆润的边角，微凹的弧度。

▲ 静·和 系列

静：静默的禅意
和：平和的守候

▲ 曲水流觞 系列

# 网站创意产品展示

**主要设计作品**

户外座椅、置物架等

**【购物车】户外座椅**

这是一项专注于环保的设计，回收废旧的购物车改造而成。
微曲的座面、塑胶的把手，让原本棱角分明的购物车变得柔软舒适。

**【合】户外座椅**

考虑到让每个人都能舒适的坐下，将座椅设计成台阶形，满足了不同高度人群的需求。

**【扇】置物架**

可旋转的机关，使得整个置物架既可以变成平面的桌子，也能成为竖向放置包裹的木条。多样化的设计满足了物品的存放需求。

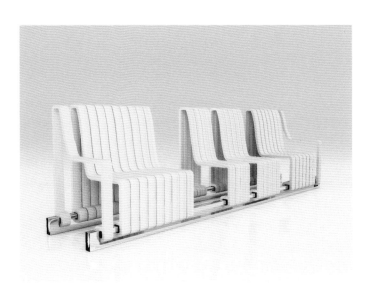

**【移】户外座椅**

考虑到人与人之间适合的相处空间，移动这些木条，就能拼成一个适合于使用者身材及心理空间的椅子。

# 纸板家具设计

## 主要设计作品

小熊休闲座椅、方凳、蘑菇凳、立方凳等

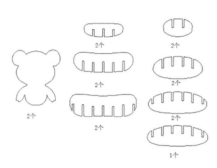

**▲小熊休闲座椅：**

小熊纸凳形似作坐着的小熊，材料为瓦楞纸板，均采用插接结构，儿童可以体会组装的乐趣，以新奇的态度看世界。

**▲方凳：**

方凳主要由两块部件构成，先采用折叠的形式，将四周板件向内聚拢成凳身，再用另一部件在凳面部分进行插接固定。

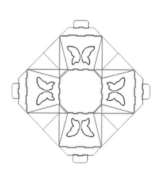

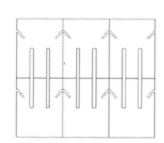
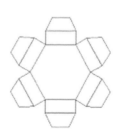

**▲蘑菇凳：**

蘑菇凳凳腿部分由六块板件插接而成，凳面部分为六角形，六个角分别沿折线向内弯，插接在凳腿对应的接口处。

**▲立方凳：**

儿童立方凳采用重型瓦楞纸制成，安全环保，可添加彩绘也可裸纸色呈现，儿童自己可以 DIY 设计，锻炼动手动脑能力。

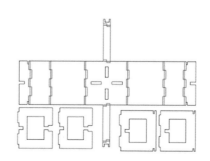

# 集成家居工作室

集成家居工作室由郭洪武教授创建于2015，团队现有教授2人、讲师4人、企业合作导师2人、研究生10余人。

工作室主要从事新型木质装配式建材、室内设计与集成化内装、木材加工新技术以及室内空气环境监测与治理等方面的技术研发、转化与推广工作。近年来，承担省部级及以上科研项目4项，企业技术合作项目5项，发表论文30余篇，申请专利10余件，出版专著、教材10余部，获得2015年北京林业大学教学成果一等奖，先后为30余家企业提供技术培训和咨询服务，主持装配式建筑标准1件。

▲ 专注于：

装配式建筑
集成化内装
室内设计与家具定制

■ 木质装配式建筑：
生物质 – 菱镁水泥复合建材，
轻质、高效、防火、防水、抗震、
绿色环保、资源再生、投资小成本低、应用广泛。

■ 室内设计与家具定制：
住宅、办公空间、展厅、门店等
室内设计、空间改造及装修施工。
家具全屋定制；整体厨卫设计。

■ SI 集成化家装：
SI 住宅建造技术，
装配式干法内装。

■ 室内设计与家具定制：
住宅、办公空间、展厅、门店等
室内设计、空间改造及装修施工。
家具全屋定制；整体厨卫设计。

■ 室内设计与家具定制：
住宅、办公空间、展厅、门店等
室内设计、空间改造及装修施工。
家具全屋定制；整体厨卫设计。

郭洪武，博士

主任、教授、硕士生导师

李黎，博士

技术顾问、教授博士生导师

刘 毅，博士

任学勇，博士

罗 斌，博士

■ 彩艺木产品研发：
彩艺木以人工林木材为原料，经调色、染色、计算机测配色、重组制备的新型木质装饰材料。

速生低档木材

普通木材单板

染色木材单板

彩艺木

套色浮雕装饰板

局部展示

剔犀式线刻浮雕

局部展示

E-mail：liuyi.zhongguo@163.com

地址：北京市海淀区清华东路 35 号北京林业大学森工楼 305 室

邮编：100083

电话：010-62336125

■木材保护剂：

产品具有良好的防霉抗菌、耐老化及耐腐蚀、耐洗刷、耐磨、耐污染等性能，可提高
木制品的耐久性和产品附加值，延长木制品的使用寿命和装饰性能。

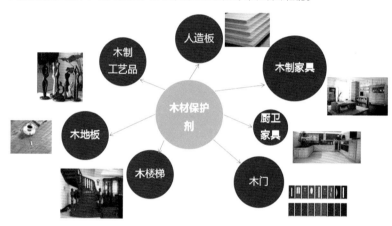

## 主要承担项目

国家自然科学基金

《光辐射染色木材的化学反应历程与变色机制》

中国建筑标准设计研究院有限公司

《"星河建材"系列板材产品标准及其房屋结构体系研究》

国家林业局 948 引进国际先进林业科学技术项目

《木质人造板防霉抗菌关键技术引进》

大连港集团森立达木材交易中心有限公司

《微波介电加热原木处理项目技术咨询》

北京汤山恒霁木业有限公司

《民用家具产品设计与开发》

■ SI 集成化家装：

SI 住宅建造技术是一种将住宅的结构支撑体（Skeleton）和内装填充体（Infill）相分离
的绿色装配式建造技术，是装配式建筑和住宅产业化领域的高新技术。

| SI住宅建造体系 | 结构系统 |
| --- | --- |
| | 装配式干法内装系统 |

■木质装配式建筑：

模块化的设计，工业化的生产，现场装配式施工。

获得专利 40 余项，轻质、高效。

**图书在版编目（CIP）数据**

蒲英：北京林业大学家具设计与工程系作品集. 2016 / 张帆主编.
—— 北京：中国林业出版社, 2016.12
ISBN 978-7-5038-7892-3

Ⅰ. ①蒲… Ⅱ. ①张… Ⅲ. ①家具－设计－作品集－中国－现代 Ⅳ. ①TS666. 207

中国版本图书馆CIP数据核字(2017)第042043号

蒲英——北京林业大学家具设计与工程系作品集2016

张帆　主编

责任编辑：杜娟
出版发行：中国林业出版社
邮　　编：100009
地　　址：北京市西城区德内大街刘海胡同7号
电　　话：83143553
E-m a i l: jiaocaipublic@163.com
　　　　　http://lycb.forestry.gov.cn
印　　刷：北京雅昌艺术印刷有限公司
经　　销：新华书店
版　　次：2016年12月第1版
印　　次：2016年12月第1次印刷
开　　本：635mm×965mm　1/16
印　　张：8
字　　数：377千字
定　　价：88.00元